FANUC 工业机器人应用工程师实训系列

工业机器人应用技术入门

智造云科技　徐忠想　康亚鹏　陈灯　**主编**

机 械 工 业 出 版 社

本书以 FANUC 工业机器人为研究对象，针对工业机器人认识与操作过程中需要掌握的注意事项、设备各组成部分、坐标系设置、示教过程、程序执行及指令详解、系统文件的备份加载和保养等进行详细的讲解，并在相应章节配备现场实操视频，通过手机扫一扫二维码即可观看对应视频，使读者了解和掌握与 FANUC 工业机器人相关的每一项具体操作方法，建立对 FANUC 工业机器人应用的全面认识。联系 QQ296447532 获取 PPT 课件。

本书可作为职业院校工业机器人技术及相关专业的教材，也可供从事自动化相关专业的工程技术人员参考。

图书在版编目（CIP）数据

工业机器人应用技术入门/智造云科技等主编 . —北京：机械工业出版社，2017.9
（2025.3 重印）
（FANUC 工业机器人应用工程师实训系列）
ISBN 978-7-111-58055-3

Ⅰ . ① 工… Ⅱ . ① 智… Ⅲ . ① 工业机器人—应用
Ⅳ . ①TP242.2

中国版本图书馆 CIP 数据核字（2017）第 229793 号

机械工业出版社（北京市百万庄大街 22 号　邮政编码 100037）
策划编辑：周国萍　　责任编辑：周国萍
责任校对：朱继文　　封面设计：马精明
责任印制：张　博

北京建宏印刷有限公司印刷

2025 年 3 月第 1 版第 16 次印刷
184mm×260mm · 11 印张 · 214 千字
标准书号：ISBN 978-7-111-58055-3
定价：39.00 元

电话服务　　　　　　　网络服务
客服电话：010-88361066　机 工 官 网：www.cmpbook.com
　　　　　010-88379833　机 工 官 博：weibo.com/cmp1952
　　　　　010-68326294　金 书 网：www.golden-book.com
封底无防伪标均为盗版　机工教育服务网：www.cmpedu.com

前　　言

工业机器人是实施自动化生产线、智能制造车间、数字化工厂、智能工厂的重要基础装备之一。高端制造需要工业机器人，产业转型升级也离不开工业机器人。我国《高端装备制造业"十二五"发展规划》及《智能制造装备产业"十二五"发展规划》中明确提出，工业机器人是智能制造装备发展的重要内容，并将其列为我国装备制造业向高端方向发展的必需核心装备。我们共同面对的一个挑战是：工业机器人技术应用人才在我国缺口达到20万人，并且还在以每年20%～30%的速度持续递增。面对企业对工业机器人人才的需求，切实需要实用、有效的教学资源培养能适应生产、建设、管理、服务第一线需要的高素质技术技能人才。

自1974年，FANUC首台机器人问世以来，FANUC致力于机器人技术上的领先与创新，是世界上由机器人来做机器人的公司，也是世界上提供集成视觉系统的机器人企业，还是世界上既提供智能机器人又提供智能机器的公司。FANUC机器人产品系列多达240种，负重从0.5kg到2.3t，广泛应用在装配、搬运、焊接、铸造、喷涂、码垛等不同的生产环节，满足客户的不同需求。2008年6月，FANUC机器人销量突破20万台；2015年，FANUC全球机器人装机量已超过40万台，市场份额稳居前列。

本书以FANUC工业机器人为研究对象，针对工业机器人认识与操作过程进行详细的讲解，并在相应章节配备了现场实操视频（读者通过手机扫描书中相应二维码观看）。全书采用项目式编排，更加方便读者学习及教师的教学安排。本书配套使用软件为ROBOGUIDE。联系QQ296447532获取PPT课件。

本书由智造云科技的徐忠想、康亚鹏、陈灯主编，同时参与编写的还有孙静静、黄雄杰、杨坤、贾晓东、杨蕴涵等。智造云科技是发那科产品在国内教育市场的深度合作伙伴，本书在编写过程中得到了上海发那科机器人有限公司封佳诚、林谊先生的大力协助，他们提供了很多技术支持及宝贵意见，在此深表感谢！

编著者虽尽力使内容清晰准确，但肯定还会有不足之处，欢迎读者提出宝贵的意见和建议。

编著者

目　　录

第 1 章

走进工业机器人世界

项目1　工业机器人概述

　　本项目主要了解工业机器人的定义，工业机器人的发展史，工业机器人的分类及技术现状，以及工业机器人的构成。

1. 工业机器人的定义

　　工业机器人是面向工业领域的多关节机械手或多自由度的机器装置，它能自动执行工作，靠自身动力和控制能力来实现各种功能的一种机器。工业机器人可以接受人类指挥，也可以按照预先编排的程序运行，现代的工业机器人还可以根据人工智能技术制定的原则纲领行动。

2. 工业机器人的发展史

　　（1）工业机器人国外的发展史　现代机器人出现于 20 世纪中期，在数字计算器、电子技术、可编程的数控机床，还有精密零件加工的基础上产生。

　　1954 年，美国人戴沃尔制造出第一台机械手并注册了专利，机械手可按照相关的程序执行不同的动作。

　　1959 年，戴沃尔与英格伯格连手制造出第一台工业机器人，成立了世界上第一家机器人制造工厂——Unimation 公司。因英格伯格对机器人富有成效的研发和宣传，被称为"工业机器人之父"。

　　1967 年，日本川崎重工和丰田公司分别从美国购买了工业机器人 Versatran 和 Unimate 的生产许可证，日本从此开始了对机器人的研究和制造。

　　1968 年，美国斯坦福研究院研发成功的机器人 Shakey 带有视觉传感器，能根据人的指令发现并抓取积木，但控制它的计算器有一间房间那么大。Shakey 可以称为世界上第一台智能机器人。

1969 年，日本早稻田大学加藤一郎实验室研发出第一台以双脚走路的机器人。加藤一郎被誉为"仿人机器人之父"。日本专家一向以研发仿人机器人和娱乐机器人的技术见长，后来更进一步催生出本田公司的 ASIMO 机器人和索尼公司的 QRIO 机器人。

1973 年，世界上机器人和小型计算器第一次携手合作，诞生了美国 Cinoinnati 公司的机器人 T3 型。

1978 年，美国 Unimation 公司推出通用工业机器人 Puma，标志着工业机器人已经完全成熟。Puma 至今仍然工作在生产第一线。

1979 年，日本山梨大学牧野洋发明了平面关节型 SCARA 机器人，该机器人在此后的装配作业中得到了广泛应用。

1996 年，本田公司推出仿人型机器人 P2，使双足行走机器人的研究达到了一个新的水平。

1998 年，丹麦乐高公司推出机器人 Mind-Storms 套件，让机器人制造跟搭积木一样，相对简单又能任意拼装，使机器人开始走入整个世界。

近年各国工业机器人正在不断地朝着智能化、系统化等方向发展。其一，工业机器人的性价比不断提高。其二，传感器在工业机器人中的作用更加显著，现在已经在焊接机器人中应用了位置、速度、力觉等传感器，遥控机器人还应用了视觉、触觉等多种传感器融合对环境进行模拟，此技术已经在产品系统化方面发展成熟。其三，虚拟现实技术已经不仅仅用于仿真或者预演，而是已经演变到过程监控，能使机器人的操控者如同置身于远端作业环境中。其四，现代遥控机器人的特点不是机器人全自治，而是机器人能与操作者进行人机互换的控制，即能实现遥控与自主并行的操作。

（2）工业机器人国内的发展史　我国于 1972 年开始研制自己的工业机器人。进入20 世纪 80 年代后，在高技术浪潮的冲击下，随着改革开放的不断深入，我国机器人技术的开发与研究得到了政府的重视与支持。"七五"期间，国家投入资金，对工业机器人及其零部件进行攻关，完成了示教再现式工业机器人成套技术的开发，研制出了喷涂、点焊、弧焊和搬运机器人。1986 年，国家高技术研究发展计划（863 计划）开始实施，智能机器人主题跟踪世界机器人技术的前沿，经过几年的研究，取得了一大批科研成果，成功地研制出了一批特种机器人。

从 20 世纪 90 年代初期起，我国的国民经济进入实现两个根本转变时期，掀起了新一轮的经济体制改革和技术进步热潮，我国的工业机器人又在实践中迈进一大步，先后研制出了点焊、弧焊、装配、喷漆、切割、搬运、包装、码垛等各种用途的工业机器人，并实施了一批机器人应用工程，形成了一批机器人产业化基地，为我国机器人产业的腾飞奠定了基础。

经过 20 多年的发展，我国的机器人技术发展迅速。现阶段我国正重点开展先进工艺、机构与驱动，感知与信息融合，智能控制与人机交互等共性关键技术的研究，建立智能机器人研发体系；重点研发仿生机器人、危险救灾机器人、医疗机器人以及公共安全等智能系统集成平台，带动关键技术发展，重点发展工业机器人自动化成套技术设备，并应用于IC、船舶、汽车、轻纺、家电、食品等重点工程或行业，突破国外公司在大规模自动化制造系统中的垄断地位，促进机器人技术的产业化发展。

近年来中国工业机器人市场持续发展，2015 年中国工业机器人市场全年累计销售68459 台，其中国产机器人销售 22257 台。国产工业机器人应用行业具体涉及农副食品加工业，酒、饮料和精制茶制造业，医药制造业，餐饮业，有色金属冶炼和压延工业，食品制造业，非金属矿物制品业，化学原料和化学制品制造业，专用设备制造业，电气机械和器材制造业，金属制品业，汽车制造业，橡胶和塑料制品业等。

3. 工业机器人的分类及技术现状

（1）工业机器人技术分类

第一代：示教再现型，具有记忆能力。目前，绝大部分应用中的工业机器人均属于这一类，其缺点是操作人员的水平影响工作质量。

第二代：初步智能机器人，对外界有反馈能力。部分已经应用到生产中。

第三代：智能机器人，具有高度的适应性，有自行学习、推理、决策等功能，处在研究阶段。

（2）工业机器人结构分类　工业机器人按臂部的运动形式分为直角坐标型机器人、圆柱坐标型机器人、球坐标型机器人和全关节型机器人四种，如图 1-1 和图 1-2 所示。

1）直角坐标型机器人的臂部可沿三个直角坐标移动。

2）圆柱坐标型机器人的臂部可做升降、回转和伸缩动作。

3）球坐标型机器人的臂部能回转、俯仰和伸缩。

4）全关节型机器人的臂部有多个转动关节。

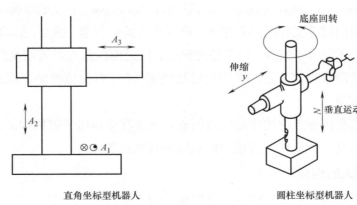

直角坐标型机器人　　　　　圆柱坐标型机器人

图　1-1

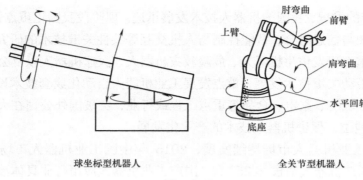

球坐标型机器人　　　　　　　　全关节型机器人

图　1-2

（3）工业机器人技术发展

1）工业机器人技术发展现状：

① 网络通信技术：大多支持 CC_Link、DeviceNet、Profibus、Ethernet 等网络通信模式。

② 智能化传感器技术：具有视觉传感器功能的机器人逐步广泛应用。

③ 控制技术：大多采用 32 位 CPU 的控制器，控制轴数最多可达 27 轴；脱机编程及协调控制技术日趋成熟。

④ 驱动技术：以 AC 伺服驱动技术为主。

⑤ 机械结构：以关节型为主流，大型机器人应用日趋广泛。

2）工业机器人技术发展趋势：工业机器人性能不断提高（高速度、高精度、高可操作性、便于维修），而单机价格不断下降。

机械结构向模块化、可重构化发展。例如关节模块中的伺服电动机、减速机、检测系统三位一体化；把关节模块、连杆模块用重组方式构造机器人整机；国外已有模块化装配机器人产品问世。

工业机器人控制系统向基于 PC 的开放型控制器方向发展，便于标准化、网络化；器件集成度提高，控制柜日见小巧，且采用模块化结构；大大提高了系统的可操作性和可维修性。

工业机器人中传感器的作用日益重要，除采用传统的位置、速度、加速度等传感器外，装配、焊接机器人还应用了视觉、力觉等传感器，而遥控机器人则采用视觉、声觉、力觉、触觉等多传感器的融合技术来进行环境建模及决策控制；多传感器融合配置技术在产品化系统中已有成熟应用。

虚拟现实技术在机器人中的作用已从仿真、预演发展到用于过程控制，如使遥控机器人的操作者产生置身于远端作业环境中的感觉来操纵机器人。

4. 工业机器人的构成

工业机器人是面向工业领域的多关节机械手或者多自由度机器人，它的出现是为了解放人工劳动力、提高企业生产效率。工业机器人的基本构成则是实现机器人功能的基础。现代工业机器人大部分都是由三大部分和六大系统组成。

（1）机械部分　机械部分是机器人的血肉组成部分，也就是我们常说的机器人本体部分。这部分主要分为两个系统。

1）驱动系统：要使机器人运行起来，需要各个关节安装传感装置和传动装置，这就是驱动系统。它的作用是提供机器人各部分、各关节动作的原动力。驱动系统传动部分可以是液压传动系统、电动传动系统、气动传动系统，或者是几种系统结合起来的综合传动系统。

2）机械结构系统：工业机器人机械结构主要由四大部分构成：机身、臂部、腕部和手部，每一个部分具有若干的自由度，构成一个多自由的机械系统。末端操作器是直接安装在手腕上的一个重要部件，它可以是多手指的手爪，也可以是喷漆枪或者焊具等作业工具。

（2）感受部分　感受部分就好比人类的五官，为机器人工作提供感觉，帮助机器人工作过程更加精确。这部分主要分为两个系统。

1）感受系统：感受系统由内部传感器模块和外部传感器模块组成，用于获取内部和外部环境状态中有意义的信息。智能传感器可以提高机器人的机动性、适应性和智能化的水平。对于一些特殊的信息，传感器的灵敏度甚至可以超越人类的感觉系统。

2）机器人-环境交互系统：机器人-环境交互系统是实现工业机器人与外部环境中的设备相互联系和协调的系统。工业机器人与外部设备集成为一个功能单元，如加工制造单元、焊接单元、装配单元等。也可以是多台机器人、多台机床设备或者多个零件存储装置集成为一个能执行复杂任务的功能单元。

（3）控制部分　控制部分相当于机器人的大脑，可以直接或者通过人工对机器人的动作进行控制。控制部分也可以分为两个系统。

1）人机交互系统：人机交互系统是使操作人员参与机器人控制并与机器人进行联系的装置，例如计算机的标准终端、指令控制台、信息显示板、危险信号警报器、示教盒等。简单来说，该系统可以分为两大部分：指令给定系统和信息显示装置。

2）控制系统：控制系统主要是根据机器人的作业指令程序以及从传感器反馈回来的信号支配的执行机构去完成规定的运动和功能。根据控制原理，控制系统可以分为程序控制系统、适应性控制系统和人工智能控制系统三种。根据运动形式，控制系统可以分为点位控制系统和轨迹控制系统两大类。

通过这三大部分六大系统的协调作业，使工业机器人成为一台高精密度的机械设备，具备工作精度高、稳定性强、工作速度快等特点，为企业提高生产效率和产品质量奠定了基础。

项目测试

1. 填空题

（1）工业机器人按臂部的运动形式分为四种＿＿＿＿＿＿＿＿、＿＿＿＿＿＿＿＿、

＿＿＿＿＿＿＿＿、＿＿＿＿＿＿＿＿。

（2）工业机器人具备＿＿＿＿＿＿＿＿、＿＿＿＿＿＿＿＿、＿＿＿＿＿＿＿＿等特点。

2. 简答题

简述工业机器人的定义。

项目2　工业机器人应用范围

项目描述

本项目需了解工业机器人弧焊、点焊、搬运、喷涂、切割、涂胶的典型应用。

项目实施

工业机器人典型应用有弧焊、点焊、搬运、涂胶、喷漆、去毛刺、切割、激光焊接、测量等。

（1）工业机器人弧焊应用　工业机器人弧焊工作站是由示教器、控制柜、机器人本体及自动送丝装置、焊接电源等部分组成，可以在计算机的控制下实现连续轨迹控制和点位控制。工业机器人弧焊工作站主要有熔化极焊接作业和非熔化极焊接作业两种类型，具有可长期进行焊接作业，保证焊接作业的高生产率、高质量和高稳定性等特点。工业机器人弧焊主要应用于各类汽车零部件的焊接生产。图2-1为工业机器人弧焊实际应用案例。

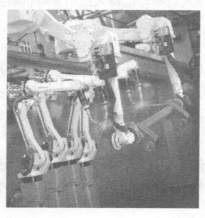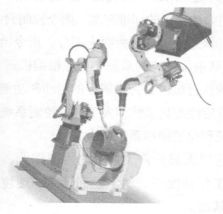

图　2-1

（2）工业机器人点焊应用　工业机器人点焊工作站由机器人本体、计算机控制系统、示教器和点焊焊接系统几部分组成，点焊焊接系统包括点焊焊机和点焊焊钳两部分。操作者可以通过示教器和计算机面板按键进行点焊机器人运动位置和动作程序的示教，设定运动速度、焊接参数等。工业机器人按照示教程序规定的动作、顺序和参数进行点焊作业，其过程是完全自动化的。工业机器人点焊主要应用于汽车车身的自动装配车间。图2-2为工业机器人点焊实际应用案例。

（3）工业机器人搬运应用　工业机器人搬运应用由工业机器人本体、控制柜、末端执行器和传感系统组成。利用工业机器人可进行自动化搬运作业，即从一个加工位置移到另一个加工位置。利用工业机器人安装不同的末端执行器可完成各种不同形状和状态的工件搬运工作。工业机器人搬运主要用于各种电器（包括家用电器，如电视机、录音机、洗衣机、电冰箱、吸尘器）、小型电动机、汽车及其部件、计算机、玩具、机电产品及其组件的搬运。图2-3为工业机器人搬运实际应用案例。

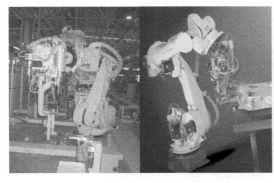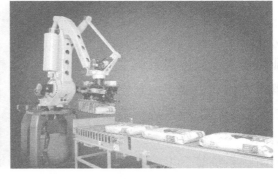

图　2-2　　　　　　　　　　　　　　　　　图　2-3

（4）工业机器人喷涂应用　工业机器人喷涂应用由喷涂工业机器人本体、控制柜、系统操作控制台、工艺控制柜、检测系统、跟踪系统、电源分配柜等构成。工业机器人喷涂主要用于汽车工业的塑料部件（内部和外部的）和金属部件（防锈处理等）、循环产业（液体、粉末）、木材工业、农业设备、家用电器、消费电子产品、航空航天、光学等方面的喷涂。工业机器人在喷涂环境的大量运用极大地解放了在危险环境下工作的劳动力，也极大提高了制造企业的生产效率，并带来稳定的喷涂质量，降低了成品返修率，同时提高了油漆利用率，减少了废油漆、废溶剂的排放，有助于构建环保的绿色工厂。图2-4为工业机器人喷涂实际应用案例。

（5）工业机器人切割应用　工业机器人切割应用一般是由示教器、控制柜、机器人本体、切割系统组件等部分组成。可以在计算机的控制下实现连续轨迹控制和点位控制。切割机器人主要有激光切割作业、等离子切割作业和火焰切割作业三种类型，具有可长期进行切割作业，保证切割作业的高生产率、高质量和高稳定性等特点。图2-5为工业机器人切割实际应用案例。

图 2-4

图 2-5

（6）工业机器人涂胶应用　工业机器人涂胶应用系统主要包括机器人本体、机器人控制柜、打胶系统、胶枪、加热系统、工装夹具、清胶机构、操作台、控制系统、安全防护系统等。工业机器人涂胶主要应用于 3C 电子行业和汽车零部件行业。图 2-6 为工业机器人涂胶实际应用案例。

图 2-6

项目测试

1. 填空题

（1）工业机器人典型应用有＿＿＿＿、＿＿＿＿、＿＿＿＿、＿＿＿＿、＿＿＿＿、去毛刺、切割、激光焊接、测量等。

（2）工业机器人弧焊工作站是由示教器、控制柜、机器人本体及＿＿＿＿＿＿＿＿、＿＿＿＿＿等部分组成。

2. 简答题

简述工业机器人弧焊应用。

第 **2** 章

安全注意事项

项目3 工业机器人使用安全注意事项

项目描述

本项目主要讲解了工业机器人一般注意事项、机构上的注意事项、操作时的注意事项、编程时的注意事项、维护作业时的注意事项、安全预防措施、检修或维修时的安全预防措施、运转时的安全预防措施。

熟知工业机器人使用安全注意事项，并在实际的操作使用中遵守安全注意事项。

项目实施

在使用工业机器人和外围设备及其组合的工业机器人系统时，必须充分考虑作业人员和系统的安全预防措施。

1. 一般注意事项

（1）警告

1）请勿在下面所示的情形下使用工业机器人。否则，不仅会给工业机器人和外围设备造成不良影响，而且还可能导致作业人员受重伤。

① 在有可燃性的环境下使用。

② 在有爆炸性的环境下使用。

③ 在存在大量辐射的环境下使用

④ 在水中或高湿度环境下使用。

⑤ 以运输人或动物为目的的使用方法。

⑥ 作为脚搭子使用（爬到工业机器人上面或悬垂于其下）。

2）使用工业机器人的作业人员应佩戴下面所示的安全用具后再进行作业。

① 适合于作业内容的工作服。

② 安全鞋。

③ 安全帽。

（2）注意　在安装好以后首次使工业机器人时，务必以低速进行。然后，逐渐地加快速度，并确认是否有异常。

（3）注释　进行编程和维护作业的作业人员，务必通过 FANUC 工业机器人的培训课程接受适当的培训。

2. 机构上的注意事项

1）清洁工业机器人系统，并且在不易受到油、水、灰尘等影响的环境下使用。

2）机构内部的电缆装备必要的用户接口。增设电缆时，注意不要妨碍机构内部电缆的移动（切勿用外部电缆的尼龙绑带来束紧机构内部电缆）。将设备安装到工业机器人上时，注意避免与机构内部电缆发生干涉。若不遵守这些注意事项，会导致机构内部电缆断线而发生预想不到的故障。

3）应使用极限开关和机械性制动器，对工业机器人的操作进行限制，以避免工业机器人、电缆与外围设备和刀具之间相互碰撞。

3. 操作时的注意事项

（1）警告　在操作工业机器人时，务必在确认安全栅栏内没有人员后再进行操作。同时，检查是否存在潜在的危险，当确认存在潜在危险时，务必排除危险之后再进行操作。

（2）注意　在使用操作面板和示教器时，务必摘下手套后再进行作业。

（3）注释　程序和系统变量等信息，可以保存到外部存储装置中。为了预防由于意想不到的事故而引起数据丢失，应定期保存数据。

4. 编程时的注意事项

（1）警告　编程时应尽可能在安全栅栏的外边进行。因不得已而需要在安全栅栏内进行时，应注意下列事项。

1）仔细查看安全栅栏内的情况，确认没有危险后再进入栅栏内。

2）要做到随时都可以按下急停按钮。

3）应以低速运行工业机器人。

4）应在认清整个系统的状态后进行作业，以避免由于针对外围设备的遥控指令和动作等而导致作业人员陷入危险境地。

（2）注意　在编程结束后，务必按照规定的步骤进行测试运转。此时，作业人员务必在安全栅栏的外边进行操作。

（3）注释　进行编程的作业人员，务必通过 FANUC 工业机器人的培训课程接受适当的培训。

5. 维护作业时的注意事项

（1）警告

1）应尽可能在断开工业机器人和系统电源的状态下进行作业。在通电状态下，有的作业有触电的危险。此外，应根据需要上好锁，以使其他人员不能接通电源。即使是在迫不得已而需要接通电源后再进行作业的情形下，也应尽量按"急停"按钮后再进行作业。

2）如有必要替换部件，应与原厂洽谈。若以错误的步骤进行作业，则会导致意想不到的事故，致使工业机器人损坏，或作业人员受伤。

3）在进入安全栅栏内时，要仔细查看整个系统，确认没有危险后再入内。如果在存在危险的情形下不得不进入栅栏，则必须把握系统的状态，同时要小心谨慎地入内。

4）将要更换的部件，务必使用 FANUC 公司指定的部件。若使用指定部件以外的部件，则有可能导致工业机器人的错误操作和破损。特别是熔丝，切勿使用指定以外的熔丝，以避免引起火灾。

5）在拆卸电动机和制动器时，应采取以起重机等吊运措施后再拆除，以避免机臂等落下来。

6）进行维修作业时，因迫不得已而需要移动工业机器人时，应注意如下事项。

① 务必确保逃生退路。应在把握整个系统的操作情况后再进行作业，以避免由于工业机器人和外围设备而堵塞退路。

② 时刻注意周围是否存在危险，做好准备，以便在需要的时候可以随时按急停按钮。

7）在使用电动机和减速机等具有一定重量的部件和单元时，应使用起重机等辅助装置进行辅助操作，以避免给作业人员带来过大的作业负担。需要注意的是，如果错误操作，将导致作业人员受重伤。

（2）注意

1）应尽快擦掉洒落在地面上的润滑油，排除可能发生的危险。

2）在进行作业的过程中，不要将脚搭放在工业机器人的某一部分上，也不要爬到工业机器人上面。这样不仅会给工业机器人造成不良影响，而且作业人员还有可能因为踩空而受伤。

3）伺服电动机和控制柜内部会发热，需要注意。在发热的状态下，因不得已而非触摸设备时，应准备好耐热手套等保护用具。

4）在更换部件时，拆下来的部件（螺栓等）应正确装回其原来的部位。如果发现部件不够或部件有剩余，则应再次确认并正确安装。

5）在进行气动系统的维修时，务必释放供应气压，将管路内的压力降到 0 以后再进行。

6）在更换完部件后，务必按照规定的方法进行测试运转。此时，作业人员务必在安全栅栏的外边进行操作。

7）维护作业结束后，应将工业机器人周围和安全栅栏内部洒落在地面的油和水、碎片等彻底清扫干净。

8）更换部件时，应避免灰尘进入工业机器人内部。

（3）注释

1）进行维护和检修作业的人员，务必通过 FANUC 工业机器人的培训课程接受适当的培训。

2）进行维护作业时，应配备适当的照明器具。但需要注意的是，该照明器具不能成为导致新的危险的根源。

3）务必进行定期检修。如果懈怠定期检修，不仅会影响工业机器人的功能和使用寿命，而且还会导致意想不到的事故。

6. 安全预防措施

工业机器人与一般的自动机械不同，可自由地在整个动作区域的空间内运动，虽然可灵活地应对不同场合，但是其危险性同样很高。此外，工业机器人通常与其他外围设备一起构成自动化系统，所以还需要考虑作为系统的安全预防措施。下面列出应该执行的安全预防措施。

（1）设置、平面布局上的安全预防措施

1）应做到可通过警告灯或警告标志等来识别工业机器人处在动作中，如图 3-1 所示。

图　3-1

2）应在系统的周围设置防护栅栏和安全门，使得如果不打开安全门，作业人员就进不去；而当打开安全门时，工业机器人就会停止工作。

3）设置安全栅栏，以便将工业机器人的动作范围彻底包围起来。此外，应将控制装置设置在安全栅栏的外侧，如图 3-2 所示。

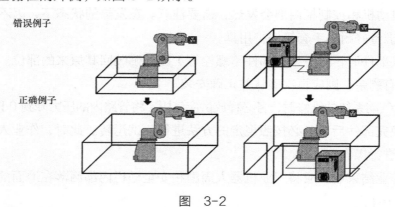

图　3-2

4）应将急停按钮设置在操作者触手可及的位置。

注意：控制装置通过急停停止信号使工业机器人急停。

（2）系统设计时的安全预防措施　在工业机器人的机械手腕之间安装安全接头，使得在施加异常外力的情况下，安全接头断裂而停止工业机器人的操作。

1）在*HBK⊖（Hand Broken，机械手断裂）输入信号被断开时，控制装置会使工业机器人急停。

2）在*HBK⊖（Hand Broken，机械手断裂）输入信号处在断开状态下，希望将机械手断裂检测置于无效的情况下，可在系统设定界面上进行设定。

3）外围设备均应连接适当的地线。

4）作业中的动作范围比工业机器人的可动范围窄小时，可通过参数设定动作范围。

5）工业机器人将接收并处理来自外部的多种互锁信号。通过将外围设备的运转状态发送给工业机器人，即可中断或停止工业机器人的动作。

7. 检修或维修时的安全预防措施

1）应在断开控制装置电源的状态下进行检修或维修作业。应在断路器上设置一把锁或安排一名监视人员来预防其他人员对其通电。

2）在进行气动系统的分离时，应在释放供应压力的状态下进行。

3）在电气设备的检修过程中不需要操作工业机器人的情况下，应在按"急停"按钮后再进行作业。

4）在运转工业机器人的状态下进行检修时，应特别注意工业机器人的动作，以便能够立即按"急停"按钮。控制柜和示教器上的急停按钮如图 3-3 所示。

图　3-3

8. 运转时的安全预防措施

1）操作工业机器人系统的作业人员，应该是参加过由 FANUC 主办的培训课程，且对安全和工业机器人的功能具有丰富的认知。

2）在进行示教作业之前，应确认工业机器人或者外围设备没有处在危险的状态且没有异常。

⊖ *表示工业机器人自定义。

3）停止工业机器人的运转而需要在工业机器人的动作范围内进行作业的情况下，应在断开电源或者按"急停"按钮后进行。此外，为了预防其他人员进入工业机器人的动作范围内，或者通过操作面板等启动工业机器人，应安排一名监视人员负责监视。

4）对工业机器人进行示教时，用手拿着示教器，在按下"Deadman"开关并将示教器的有效开关置于"ON"后，再靠近工业机器人。如图3-4所示。

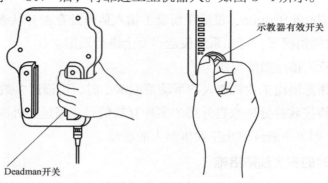

图 3-4

5）若在示教器的有效开关处于"ON"时松开"Deadman"开关，工业机器人将进入急停状态。

6）在开始JOG操作前，应特别注意与JOG键对应的工业机器人的动作。

7）进行JOG操作时，应尽量降低工业机器人的速度倍率。

安全预防措施项目具体内容见表3-1和表3-2。

表 3-1

作 业 人 员	作 业 现 场	搬运和安装
避免危险的行为，穿着工作服，穿戴安全鞋和安全帽（图3-5）	进行整理、整顿和清洁，标清楚安全栅栏和警告标志，设置通风装置，排除易燃物品	确保搬运通道，将工业机器人切实固定到叉车或起重机等装置上，确保动作空间，进行适当布线

表 3-2

操 作	检修和维修	机 械 手
参加培训课程，理解如何操作，排除相关人员以外者	使用FANUC正品部件进行替换，作业前断开电源，关闭控制器柜门	对电缆进行管理和检查，对气压进行检查，对机械手机构部件进行检查

图 3-5

项目测试

1. 填空题

应在系统的周围设置＿＿＿＿和＿＿＿＿，使得如果不打开＿＿＿＿，作业人员就进不去；而当打开时，工业机器人就会停止工作。

2. 判断题

（1）在安装好以后首次使工业机器人操作时，务必以低速进行。然后，逐渐地加快速度，并确认是否有异常。　　　　　　　　　　　　　　　　　　　　　　（　　）

（2）程序和系统变量等的信息，可以保存到外部存储装置中。　　　　　（　　）

（3）在编程结束后，务必按照规定的步骤进行测试运转。此时，作业人员务必在安全栅栏内进行操作。　　　　　　　　　　　　　　　　　　　　　　　（　　）

（4）设置安全门，以便将工业机器人的动作范围彻底包围起来。此外，应将控制装置设置在安全门的外侧。　　　　　　　　　　　　　　　　　　　　　　（　　）

第 3 章

认识 FANUC 工业机器人

项目 4　FANUC 工业机器人概述

项目描述

本项目主要认识 FANUC 工业机器人本体。

项目实施

随着工业自动化的逐渐成熟,越来越多的工业机器人在各种生产线上闪亮登场。工业机器人是面向工业领域的多关节机械手或多自由度的机器装置,它能自动执行工作,靠自身动力和控制能力来实现各种功能的一种机器。

让我们先对 FANUC 工业机器人做一个简单了解吧!

1)FANUC 工业机器人单元由机器人本体、控制柜、系统软件和周边设备组成,如图 4-1 所示。

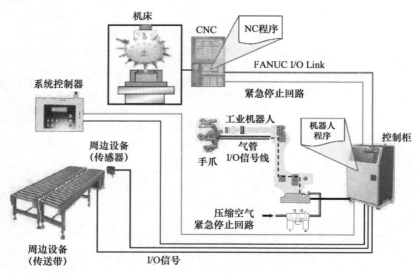

图　4-1

2）FANUC 工业机器人由 FANUC 交流伺服电动机驱动。交流伺服电动机由抱闸单元、交流伺服电动机本体和绝对值脉冲编码器三部分组成，如图 4-2 所示。

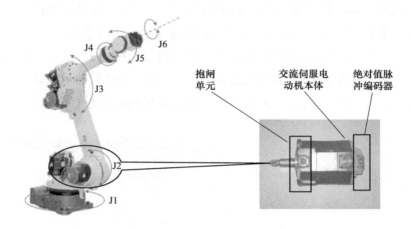

图　4-2

3）工业机器人的本体型号位于 J3 轴手臂上，如图 4-3 所示。

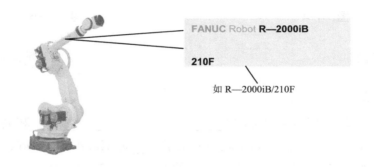

图　4-3

工业机器人的常规型号见表 4-1。

表　4-1

型　　号	轴　　数	手部负重/kg
M—1iA	4/6	0.5
LR Mate 200iD	6	7
M—10iA	6	10（6）
M—20iA	6	20（10）
R—2000iC	6	210（165,200,100,125,175）
R—1000iA	6	100（80）
M—2000iA/M—410iB	6/4	900/450（300,160）

4）控制柜是控制机构，是工业机器人的大脑。图 4-4 是 FANUC 工业机器人最新的控制柜型号。

5）工业机器人的应用不同，所安装的系统软件也不同，并且一个控制柜只允许安装一个系统软件。系统软件有：用于搬运的 Handling Tool、用于弧焊的 Arc Tool（软件系统界面如图 4-5 所示）、用于点焊的 Spot Tool+、用于涂胶的 Dispense Tool、用于油漆的 Pant Tool、用于激光焊接和切割的 Laser Tool。这些系统软件可以帮助工业机器人在弧焊、点焊、搬运、喷涂、切割、去毛刺、激光焊接和测量等方面更好地来进行应用。

图 4-4　　　　　　　　　　　　　　　　图 4-5

项目测试

1. 填空题

（1）FANUC 工业机器人单元由_____、_____、_____和周边设备组成。

（2）FANUC 工业机器人系统软件有用于____的 Handling Tool，用于____的 Arc Tool，用于点焊的 Spot Tool+，用于_____的 Dispense Tool，用于____的 Pant Tool；用于激光焊接和切割的 Laser Tool。

2. 问答题

FANUC 工业机器人根据应用的不同可安装哪几种应用软件？

项目 5　了解 FANUC 工业机器人示教器

项目描述

本项目主要认识 FANUC 工业机器人示教器，掌握 FANUC 工业机器人示教器的基本操作及按键定义。

项目实施

示教器是主管应用工具软件与用户（工业机器人）之间的接口操作装置。示教器通过电缆与控制柜连接。在进行工业机器人的点动进给、程序创建、程序的测试执行、操作执行和姿态确认等操作时都会使用示教器。

（1）示教器开关　示教器的开关见表5-1和图5-1。

表 5-1

开 关	功 能
示教器有效开关	将示教器置于有效状态。示教器无效时，点动进给、程序创建、测试执行无法进行
安全开关	三位置安全开关，旋到中间位置成为有效。有效时，从安全开关松开手或者用力将其握住时，工业机器人就会停止
急停按钮	按"急停"按钮，不管示教器有效开关的状态如何，工业机器人都会停止

（2）示教器按键　示教器按键由与菜单相关的按键、与点动相关的按键、与执行相关的按键、与编辑相关的按键和其他按键组成，示教器按键界面如图5-2所示。

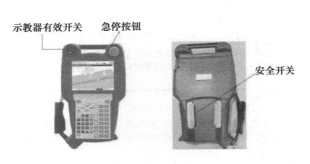

图 5-1

图 5-2

示教器相关按键功能见表5-2～表5-5。

表 5-2

按 键	功 能
F1 F2 F3 F4 F5	功能键（F），用来选择界面最下行的功能键菜单
NEXT	【NEXT】（翻页）键将功能键菜单切换到下一页
MENU FCTN	按【MENU】（菜单）键，用来显示界面菜单 【FCTN】（辅助）键，用来显示辅助菜单

（续）

按　键	功　能
TEACH SELECT EDIT DATA	【SELECT】（一览）键，用来显示程序一览界面 【EDIT】（编辑）键，用来显示程序编辑界面 【DATA】（数据）键，用来显示数据界面
POSN	【POSN】（位置显示）键，用来显示当前位置界面
DISP	单独按下时，移动操作对象界面 在与【SHIFT】键同时按下时，分割屏幕（单屏、双屏、三屏）
DIAG HELP	单独按下时，移动到提示界面 在与【SHIFT】键同时按下时，移动到报警界面
GROUP	单独按下时，按照 G1→G1S→G2→G2S→……的顺序，依次切换组、副组 按住【GROUP】（组切换）键的同时，按住希望变更的组号码的数字键，即可变更为该组
TOOL TOOL 2 MOVE MENU SET UP	HANDLING TOOL（搬运工具）用示教器上的应用专用按键。应用专用按键根据应用不同而有所不同

注：【GROUP】键，只有在订购了多动作和附加轴控制的软件选项，追加并起动附加轴和独立附加轴时才有效。

表　5-3

按　键	功　能
SHIFT	【SHIFT】键与其他键同时按下时，可以进行点动进给、位置数据的示教、程序的启动。左右的【SHIFT】键功能相同
COORD	【COORD】（手动进给坐标系）键，用来切换手动进给坐标系。依次进行如下切换："关节"→"手动"→"世界"→"工具"→"用户"→"关节"。当同时按下【COORD】键与【SHIFT】键时，弹出用来进行坐标系切换的点动菜单
+% −%	倍率键，用来进行速度倍率的变更。依次进行如下切换："VFINE(微速)"→"FINE(低速)"→"1%→5%→50%→100%"（5%以下时以 1%为刻度切换，5%以上时以 5%为刻度切换）
点动键	点动键，与【SHIFT】键同时按下可以进行点动进给 J7、J8 用于同一群组内的附加轴点动进给。但 5 轴工业机器人和 4 轴工业机器人用不到 6 轴的工业机器人的情况下，从空闲中的按键起依次使用。例：5 轴工业机器人上，将 J6、J7、J8 用于附加轴的点动进给 J7、J8 键的效果设定可进行变更。详情请参照相关说明书

表　5-4

按　键	功　能
FWD BWD	【FWD】（前进）键、【BWD】（后退）键，分别同时按下【SHIFT】键用于程序的启动 程序执行中松开【SHIFT】键时，程序执行暂停
HOLD	【HOLD】（暂停）键，用来中断程序的执行
STEP	【STEP】（单步/连续）键，用于测试运转时的单步执行和连续执行的切换

表 5-5

按 键	功 能
PREV	【PREV】（返回）键，用于返回上一级。只有有从属关系的菜单才能够返回。相互独立的菜单或界面不能返回
ENTER	【ENTER】（输入）键，用于数值的输入和菜单的选择
BACK SPACE	【BACK SPACE】（取消）键，用来删除光标位置之前一个字符或数字
↑ ↓ ← →	光标键，用来移动光标
ITEM	【ITEM】（项目选择）键，用于输入行号后移动光标至该行

扫一扫看视频

项目测试

1. 填空

（1）我们在进行工业机器人的_____、_____、_____、_____和_____等操作时都会使用示教器。

（2）HOLD（暂停）键用来_____。

2. 简答题

（1）简述示教器急停按钮的作用。

（2）简述示教器 COORD 的功能。

项目 6 了解 FANUC 工业机器人控制柜

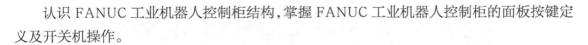

项目描述

认识 FANUC 工业机器人控制柜结构，掌握 FANUC 工业机器人控制柜的面板按键定义及开关机操作。

项目实施

1. FANUC 工业机器人控制柜

1）控制柜是工业机器人控制单元，由示教器（Teach Pendant）、操作面板及其电路板（Operate Panel）、主板（Main Board）、主板电池（Battery）、I/O 板（I/O Board）、电源供给单元（PSU）、紧急停止单元（E‒Stop Unit）、伺服放大器（Servo Amplifier）、变压器（Transformer）、风扇单元（Fan Unit）、线路断开器（Breaker）、再生电阻（Regenerative Resistor）等组成，如图 6-1 所示。

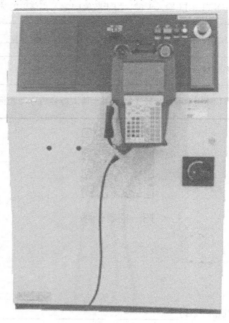

图　6-1

2）控制柜操作面板，如图 6-2 所示。

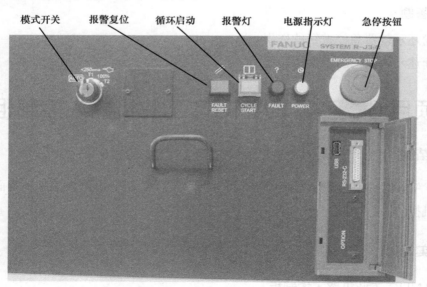

图　6-2

3）控制柜内部组成，如图 6-3 所示。

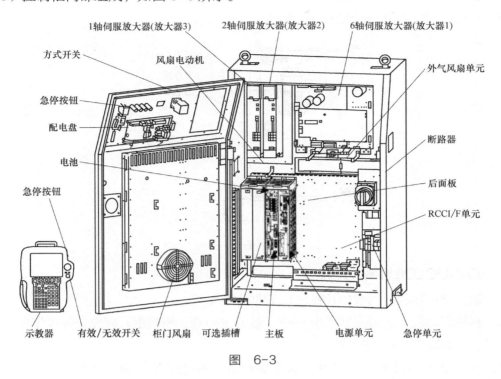

图　6-3

4）控制柜背部结构，如图 6-4 所示。

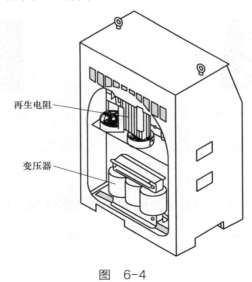

图　6-4

2. FANUC 工业机器人开机

1）接通电源前，检查工作区域，包括工业机器人、控制柜等；检查所有的安全设备是否正常。

2）将控制柜面板上的断路器置于 ON。若为 R-J 3iB 控制柜，还需按下操作面板上的启动按钮。断路器的位置如图 6-5 所示。

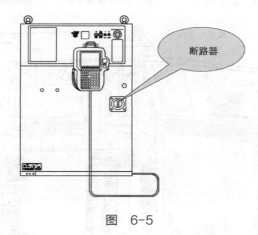

图 6-5

3. FANUC 工业机器人关机

1）通过操作面板上的暂停按钮停止工业机器人。

2）将操作面板上的断路器置于 OFF。若为 R-J 3iB 控制柜，应先关掉操作面板上的启动按钮，再将断路器置于 OFF。

> 注意：如果有外部设备如打印机、软盘驱动器、视觉系统等和工业机器人相连，关机前，要首先将这些外部设备关掉，以免损坏。

扫一扫看视频

扫一扫看视频

项目测试

1. 填空

FANUC 工业机器人开机接通电源前，检查工作区域，包括_____、_____等；检查_____。

2. 简答题

（1）简述 FANUC 工业机器人的开机步骤。

（2）简述 FANUC 工业机器人的关机步骤。

3. 实操训练

手动操作工业机器人开关机。

第 **4** 章

FANUC 工业机器人坐标系设置

项目 7　FANUC 工业机器人坐标系概述

项目描述

　　本项目主要讲解 FANUC 工业机器人坐标系，掌握 FANUC 工业机器人坐标系的内容。

项目实施

1. FANUC 工业机器人关节坐标系

　　关节坐标系是设定在工业机器人关节中的坐标系。关节坐标系中工业机器人的位置和姿态，以各关节底座侧的关节坐标系为基准来确定。

　　图 7-1 中的关节坐标系的关节值为 J1：0°、J2：0°、J3：0°、J4：0°、J5：0°、J6：0°。

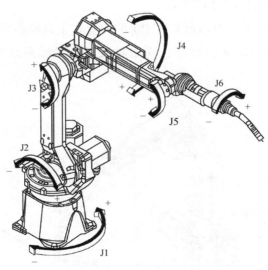

图　7-1

2. FANUC 工业机器人直角坐标系

　　直角坐标系中的工业机器人的位置和姿态，通过从空间上的直角坐标系原点到工具侧的直角坐标系原点（工具中心点）的坐标值 x、y、z 和空间上的直角坐标系的相对 X 轴、Y 轴、Z 轴周围的工具侧的直角坐标系的回转角 W、P、R 予以定义。图 7-2 为 W、P、R 的含义。

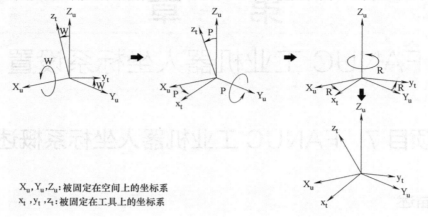

Xu,Yu,Zu：被固定在空间上的坐标系
xt,yt,zt：被固定在工具上的坐标系

图 7-2

3. FANUC 工业机器人世界坐标系

世界坐标系是被固定在空间上的标准直角坐标系，其被固定在由工业机器人事先确定的位置。用户坐标系是基于世界坐标系而设定的。世界坐标系用于位置数据的示教和执行。有关各工业机器人（R 系列/M 系列/ARC Mate/LR Mate）的世界坐标系原点位置的大致标准为

1）顶吊安装工业机器人、M-710iC 以外：在 J1 轴上水平移动 J2 轴而交叉的位置。

2）顶吊安装工业机器人、M-710iC：J1 轴处于 0 位时，离开 J4 轴最近的 J1 轴上的点。

4. FANUC 工业机器人工具坐标系

工具坐标系用来定义工具中心点（TCP）的位置和工具姿态的坐标系。工具坐标系必须事先进行设定。在没有定义的时候，将由默认工具坐标系来替代该坐标系。具体可见图 7-3 所示。

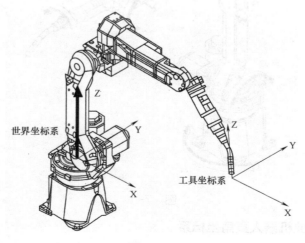

图 7-3

26

5. FANUC 工业机器人用户坐标系

用户坐标系是用户对每个作业空间进行定义的直角坐标系。它用于位置寄存器的示教和执行、位置补偿指令的执行等。在没有定义的时候，将由世界坐标系来替代该坐标系。具体可见图 7-3 所示。

项目测试

填空题

（1）关节坐标系中工业机器人的_____和_____，以各关节底座侧的关节坐标系为基准来确定。

（2）世界坐标系是被固定在空间上的标准直角坐标系，其被固定在由工业机器人事先确定的位置。_____是基于世界坐标系而设定的。

（3）用户坐标系是用户对每个作业空间进行定义的直角坐标系。用于_____的示教和执行_____的执行等。

项目 8　FANUC 工业机器人工具坐标系三点法设置

项目描述

本项目主要讲解三点法设置 FANUC 工业机器人工具坐标系，需掌握三点法设置 FANUC 工业机器人工具坐标系的方法。

项目实施

三点法设置 FANUC 工业机器人工具坐标系的步骤如下：

1）依次按键操作：【MENU】（菜单）-【SETUP】（设定）-F1【Type】（类型）-【Frames】（坐标系），进入图 8-1 所示的坐标系设置界面。

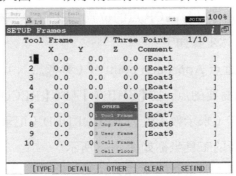

图　8-1

2）按 F3 键，即【OTHER】（坐标），选择【Tool Frame】（工具坐标），进入图 8-2 所示的工具坐标系设置界面。

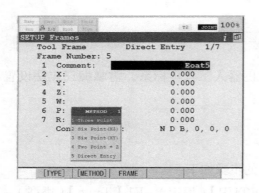

图 8-2

3）在图 8-2 中移动光标到所需设置的 TCP 点，按 F2 键，即【DETAIL】（细节），进入详细界面，如图 8-3 所示。

4）按 F2 键，即【METHOD】（方法），移动光标，选择所用的设置方法【Three point】（三点法），按【ENTER】（回车）键确认，进入图 8-4 所示界面。

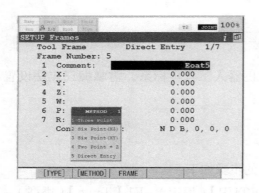

图 8-3

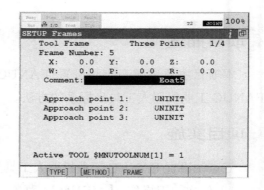

图 8-4

5）记录三个接近点，用于计算 TCP 点的位置，即 TCP 点相对于 J6 轴法兰盘中心点的 X、Y、Z 的偏移量。具体步骤如下：

① 移动光标到每个接近点 Approach point N（参考点 N）。

② 示教工业机器人到需要的点，按【SHIFT】+F5【RECORD】（位置记录）键记录。

③ 记录完成，UNINIT（未示教）变为 RECORDED（记录完成）。

当三个点记录完成，新的工具坐标如图 8-5 所示。

坐标系被自动计算生成，如图 8-6 所示。

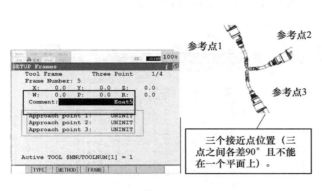

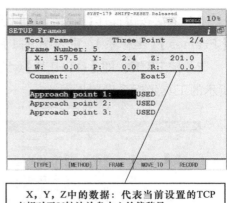

参考点1　参考点2

参考点3

三个接近点位置（三点之间各差90°且不能在一个平面上）。

X, Y, Z中的数据：代表当前设置的TCP点相对于J6轴法兰盘中心的偏移量。
W, P, R的值为0：即三点法只是平移了整个。工具坐标系并不改变其方向。

图　8-5　　　　　　　　　　　　　图　8-6

如果三个接近点在一个平面上，则 X、Y、Z、W、P、R 中的数据不能生成。

扫一扫看视频

项目测试

使用三点法设置一个 FANUC 工业机器人工具坐标系。

项目9　FANUC 工业机器人工具坐标系六点法设置

项目描述

本项目主要讲解六点法设置 FANUC 工业机器人工具坐标系，需掌握六点法设置工业机器人工具坐标系的方法。

项目实施

六点法设置 FANUC 工业机器人工具坐标系：六点（XZ）示教法中，取一个方向原点、一个与所需工具坐标系平行的 X 轴方向点、一个 XZ 平面上的点。此时，通过直角坐标系点动或工具点动进行示教，以使工具的倾斜保持不变。步骤如下：

1）依次按键操作：【MENU】（菜单）-【SETUP】（设定）-F1【Type】（类型）-【Frames】（坐标系），进入图 9-1 所示的坐标系设置界面。

2）按 F3 键，即【OTHER】（坐标），选择【Tool Frame】（工具坐标），进入图 9-2 所示的工具坐标系设置界面。

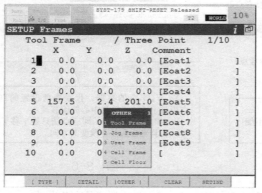 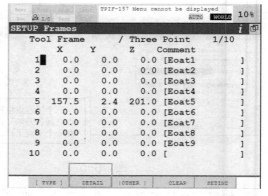

图 9-1 　　　　　　　　　　　　　　　图 9-2

3）在图 9-2 中移动光标到所需设置的 TCP 点，按 F2 键，即【DETAIL】（细节），进入详细界面，如图 9-3 所示。

4）按 F2 键，即【METHOD】（方法），从弹出的选择框中选择【2 Six point】（6 点记录）六点法，进入图 9-4 所示的六点法设置界面。

5）为了设置 TCP，首先要记录三个接近点用于计算 TCP 点的位置，即 TCP 点相对于 J6 轴中心点的 X、Y、Z 的偏移量。具体步骤如下：

① 移动光标到图 9-4 所的每个接近点 Approach point N （参考点 N）。

② 示教工业机器人到需要的点，按【SHIFT】+F5[即【RECORD】（位置记录）]键记录。

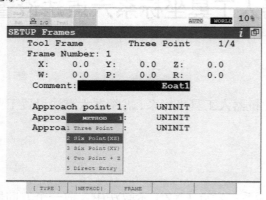

图 9-3 　　　　　　　　　　　　　　　图 9-4

③ 记录完成，UNINIT（未示教）变为 RECORDED（记录完成）。

④ 移动光标至【Orient Origin Point】（坐标原点），示教工业机器人到该工具坐标原

点位置，按即【SHIFT】+F5[即【RECORD】(位置记录)]键记录 (也可在记录 Approach point 1 (参考点 1) 的同时记录 Orient Origin Point (坐标原点)，如图 9-5 所示)。

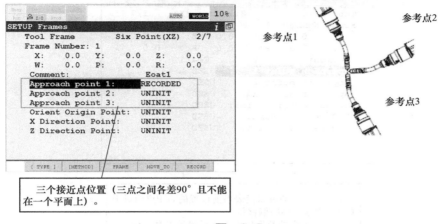

图 9-5

6) 设置 TCP 点的 X、Z 方向。具体步骤如下：

① 按【COORD】键将工业机器人的示教坐标系切换成世界（WORLD）坐标系。

② 示教工业机器人沿用户设定的+X 方向至少移动 250mm，按【SHIFT】+F5（即【RECORD】）键（位置记录）记录。

③ 移动光标至【Orient Origin Point】(坐标原点)，按【SHIFT】+F4[即【MOVE_TO】(位置移动)]键回到原点位置。

④ 示教工业机器人沿用户设定的+Z 方向至少移动 250mm，按【SHIFT】+F5（即【RECORD】(位置记录)）键记录。

⑤ 当记录完成，所有的 UNINIT (未示教) 变成 USED (设定完成)，如图 9-6 所示。

⑥ 移动光标到【Orient Origin Point】(坐标原点)。

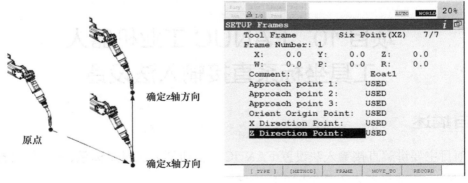

图 9-6

⑦ 按【SHIFT】+F4（即【MOVE_TO】(位置移动)）键，使示教点回到 Orient Origin Point (坐标原点)。

⑧ 当六个点记录完成，新的工具坐标系被自动计算生成，如图 9-7 所示。

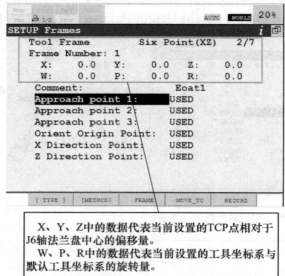

X、Y、Z中的数据代表当前设置的TCP点相对于J6轴法兰盘中心的偏移量。

W、P、R中的数据代表当前设置的工具坐标系与默认工具坐标系的旋转量。

图 9-7

如果三个接近点在一个平面上，则 X、Y、Z、W、P、R 中的数据不能生成。

扫一扫看视频

项目测试

使用六点法设置一个 FANUC 工业机器人工具坐标系。

项目 10　FANUC 工业机器人
工具坐标系直接输入法设置

项目描述

本项目主要讲解直接输入法设置 FANUC 工业机器人工具坐标系，需掌握直接输入法设置 FANUC 工业机器人工具坐标系的方法。

项目实施

直接输入法设置 FANUC 工业机器人工具坐标系：直接输入所需工具坐标系 TCP 相

对于默认工具坐标系原点的 X、Y、Z 的值和所需工具坐标系方向相对于默认工具坐标系方向的回转角 W、P、R 的值。

步骤如下：

1）依次按键操作：MENU（菜单）–【SETUP】（设定）–F1【Type】（类型）–Frames（坐标系），进入图 10-1 所示的坐标系设置界面。

2）按 F3 键，即【OTHER】（坐标），选择【Too Frame】（工具坐标），进入图 10-2 所示的工具坐标系设置界面。

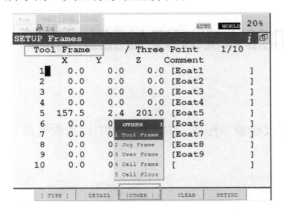

图 10-1

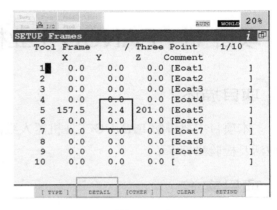

图 10-2

3）在图 10-2 中移动光标到所需设置的 TCP 点，按 F2 键，即【DETAIL】（细节）进入详细界面。

4）按 F2 键，即【METHOD】（方法），移动光标，选择所用的设置方法【Direct Entry】（直接数值输入），如图 10-3 所示按【ENTER】（回车）键确认，进入图 10-4 所示界面。

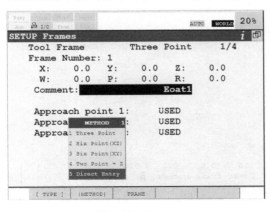

图 10-3

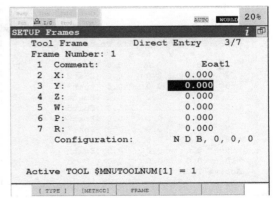

图 10-4

5）移动光标到相应的项，用数字键输入值，按【ENTER】（回车）键确认，重复本步骤，完成所有项输入。

扫一扫看视频

项目测试

使用直接输入法设置一个 FANUC 工业机器人工具坐标系。

项目 11 FANUC 工业机器人激活及检验坐标系

项目描述

本项目主要讲解 FANUC 工业机器人激活及检验坐标系,需掌握 FANUC 工业机器人激活及检验坐标系。

项目实施

1. FANUC 工业机器人激活坐标系

方法一步骤:

1)按【PREV】(前一页)键回到图 11-1 所示界面。

2)按 F5 键,即【SETING】(设定号码),界面中出现图 11-2 所示界面:Enter frame number:(输入坐标系号:)。

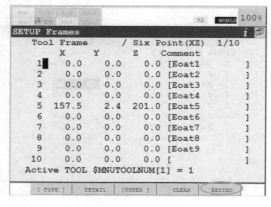

图　11-1

图　11-2

3)用数字键输入所需激活的工具坐标系号,按【ENTER】(回车)键确认,界面中将显示图 11-3 所示的被激活的工具坐标系号,即当前有效工具坐标系号。

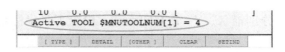

图 11-3

方法二步骤:

1)按【SHIFT】+【COORD】键,如图 11-4 右所示,弹出对话框。

2)把光标移到 Tool(工具)行,用数字键输入图 11-4 所示的要激活的工具坐标系号即可。

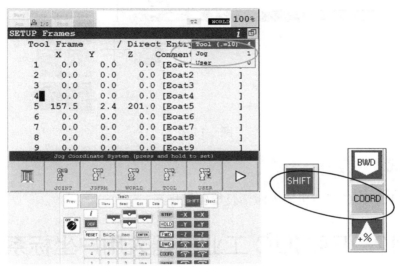

图 11-4

2. 检验工具坐标系

具体步骤如下:

(1)检验 X、Y、Z 方向

1)将工业机器人的示教坐标系通过【COORD】键切换成工具(TOOL)坐标系,如图 11-5 所示。

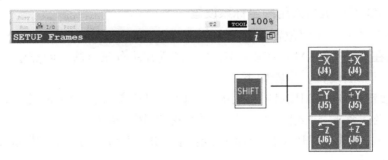

图 11-5

2）示教工业机器人分别沿 X、Y、Z 方向运动，检查工具坐标系的方向设定是否符合要求。

（2）检验 TCP 位置

1）将工业机器人的示教坐标系通过【COORD】键切换成世界坐标系，如图 11-6 所示。

2）移动工业机器人对准基准点，示教工业机器人绕 X、Y、Z 轴旋转，检查 TCP 点的位置是否符合要求。

3）以上检验如偏差不符合要求，则重复设置步骤。

图　11-6

项目测试

演示操作 FANUC 工业机器人激活及检验坐标系。

项目 12　FANUC 工业机器人用户坐标系设置

项目描述

本项目主要讲解 FANUC 工业机器人用户坐标系的设置，需掌握 FANUC 工业机器人用户坐标系的设置方法。

项目实施

1. FANUC 工业机器人用户坐标系设置

用户坐标系是可于任何位置以任何方位设置的坐标系。最多可以设置 9 个用户坐标系，它被存储在系统变量 $MNUFRAME 中。设置方法有三点法、四点法和直接输入法。下面介绍三点法设置，步骤如下：

1）依次按键操作：【MENU】（菜单）–【SETUP】（设定）–F1【Type】（类型）–【Frames】（坐标系），进入图 12-1 所示的坐标系设置界面。

2）按 F3 键，即【OTHER】（坐标），选择【USER Frame】（用户坐标），进入图 12-2 所示的用户坐标系设置界面。

3）移动光标至想要设置的用户坐标系，按 F2 键，即【DETAIL】（细节）进入设置，如图 12-3 所示。

4）按 F2 键，即【METHOD】（方法），如图 12-4 所示，移动光标，选择所用的设置方法【Three point】（3 点记录），按【ENTER】（回车）键确认，进入具体设置界面。

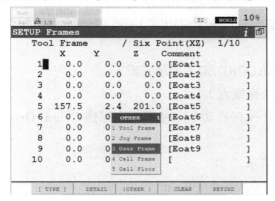

图　12-1

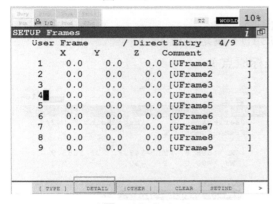

图　12-3

图　12-2

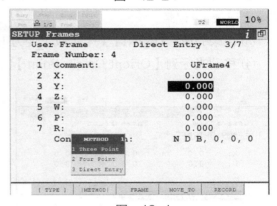

图　12-4

5）记录 Orient Origin Point（坐标原点）：光标移至【Orient Origin Point】（坐标原点），按【SHIFT】+F5 键，[即【RECORD】（位置记录）]记录，如图 12-5 所示。

当记录完成，UNINIT（未示教）变成 RECORDED（记录完成），如图 12-6 所示。

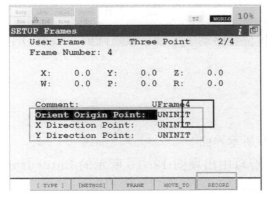

图　12-5

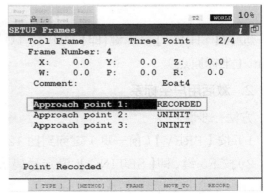

图　12-6

6）将工业机器人的示教坐标切换成世界（WORLD）坐标。

7）记录 X 方向点，设置界面如图 12-7 所示。

① 示教工业机器人沿用户希望的+X 方向至少移动 250mm。

② 光标移至【X Direction Point】（X 轴方向）行，按【SHIFT】+F5 键［即【RECORD】（位置记录）］记录。

③ 记录完成，UNINIT（为示教）变为 RECORDED（记录完成）。

④ 移动光标到【Orient Origin Point】（坐标原点）。

⑤ 按【SHIFT】+F4 键［即【MOVE_TO】（位置移动）］，使示教点回到 Orient Origin Point（坐标原点）。

8）记录 Y 方向点，设置界面如图 12-8 所示。

① 示教工业机器人沿用户希望的+Y 方向至少移动 250mm。

② 光标移至【Y Direction Point】（Y 轴方向）行，按【SHIFT】+F5 键［即【RECORD】（位置记录）］记录。

③ 记录完成，UNINIT（未示教）变为 USED（设定完成）。

④ 移动光标到【Orient Origin Point】（坐标原点）。

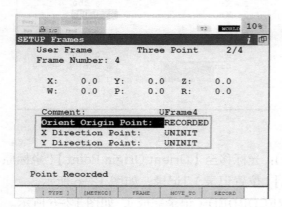

图 12-7

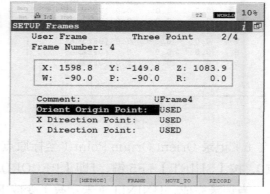

图 12-8

⑤ 按【SHIFT】+F4 键［即【MOVE_TO】（位置移动）］，使示教点回到 Orient Origin Point（坐标原点）。

2. 激活用户坐标系

方法一步骤：

1）按【PREV】（前一页）键回到图 12-9 所示界面。

2）按 F5 键，即【SETING】（设定号码），屏幕中出现图 12-10 所示的 Enter frame number：（输入坐标系号：）。

3）用数字键输入所需激活用户坐标系号，按【ENTER】（回车）键确认，屏幕中将显示图 12-11 所示被激活的用户坐标系号，即当前有效用户坐标系号。

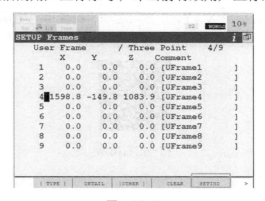

图　12-9

图　12-10　　　　　　　　　　　图　12-11

方法二步骤：

1）按【SHIFT】+【COORD】键，弹出对话框。

2）把光标移到 USER Frame（用户）行，用数字键输入图 12-12 所示要激活的用户坐标系号即可。

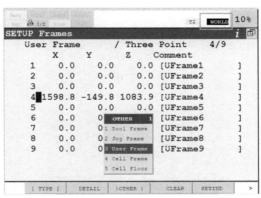

图　12-12

3. 检验用户坐标系

检验用户坐标系的具体步骤如下，设置界面如图 12-13 所示。

图　12-13

1）将工业机器人的示教坐标系通过【COORD】键切换成用户坐标系。

2）示教工业机器人分别沿 X、Y、Z 方向运动，检查用户坐标系的方向设定是否有偏差，若偏差不符合要求，重复以上所有步骤重新设置。

扫一扫看视频

项目测试

演示操作 FANUC 工业机器人用户坐标系设置及用户坐标系的激活和检验。

第 5 章

让 FANUC 工业机器人运动起来

项目 13　FANUC 工业机器人手动示教

项目描述

　　本项目主要介绍了工业机器人坐标系，以及如何操作示教器实现点动工业机器人操作，如何显示工业机器人位置状态。

项目实施

1. 坐标系介绍

　　在示教器中，单击【COORD】键，可选的坐标系有 JOINT（关节坐标，如图 13-1 所示）；JGFRM（手动坐标）；WORLD（世界坐标，如图 13-2 所示）；TOOL（工具坐标，如图 13-3 所示）；USER（用户坐标，如图 13-4 所示）。

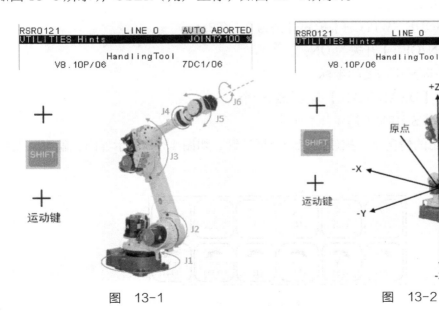

图　13-1　　　　　　　　　　　图　13-2

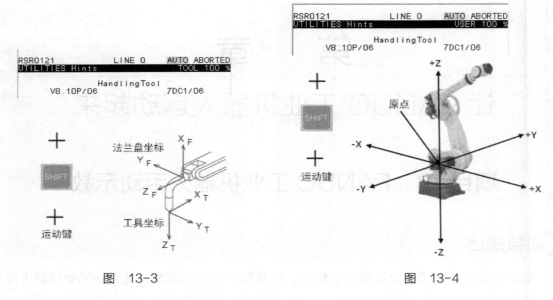

图 13-3　　　　　　　　　　　图 13-4

JOINT（关节坐标）可使工业机器人进行轴坐标运行，可分别对 J1、J2、J3、J4、J5、J6 进行旋转。

JGFRM（手动坐标）、WORLD（世界坐标）、USER（用户坐标），在用户自定义坐标系前，这三种坐标位置与方向完全重合。

TOOL（工具坐标）为工业机器人工具坐标系。

2. 点动工业机器人

点动工业机器人的条件：

1）示教器【MODE SWITCH】模式开关为 T1/T2。

2）示教器【ON/OFF】开关为 ON。

3）在示教器中选择所需要的坐标。

4）按住示教器【DEAD MAN】键（任意一个）。

5）按住示教器【SHIFT】键（任意一个）。

以上条件都满足的情况下，按住任意一个运动键，如图 13-5 所示界面，就可以点动工业机器人了。

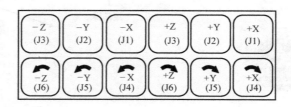

图　13-5

3．位置状态

POSITION 界面以关节角度或直角坐标系显示位置信息。随着工业机器人的运动，界面上的位置信息不断地动态更新。界面上的位置信息只是用来显示的，不能修改。

> **注意：** 如果系统中安装了扩展轴，E1、E2 以及 E3 表示扩展轴位置信息。

步骤：

1）按【POSN】键。

2）选择适当的坐标系：

① 按 F2 键，即【JNT】，将看到如图 13-6 所示的类似界面。

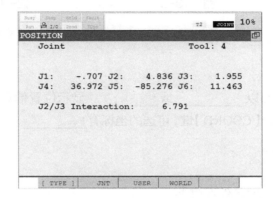

图　13-6

Tool: 表示当前使用的工具坐标系号

② 按 F3 键，即【USER】，将看到如图 13-7 所示的类似界面。

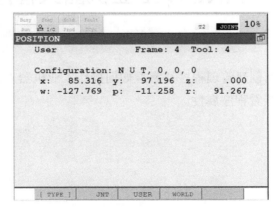

图　13-7

Frame: 表示当前使用的用户坐标系号

③ 按 F4 键，即【WORLD】，将看到如图 13-8 所示的类似界面。

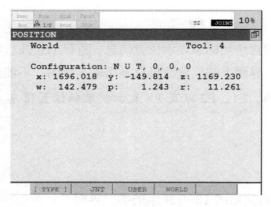

图 13-8

扫一扫看视频

项目测试

1. 填空题

（1）POSITION 界面以_____或_____显示位置信息。

（2）在示教器中，单击【COORD】键，可选的坐标有_____、_____、_____、_____、_____。

2. 问答题

（1）点动工业机器人的条件有哪些？

（2）解释 JOINT（关节坐标）的含义。

项目 14　FANUC 工业机器人程序的管理

项目描述

本项目主要讲解如何创建管理程序。掌握如何操作工业机器人创建程序、选择程序、删除程序、复制程序和查看程序属性。

项目实施

1. 创建程序

步骤：

1）按【SELECT】（程序一览）键，显示程序目录界面，如图 14-1 所示。

2）选择 F2 键，即【CREATE】（新建）。⊖

⊖ 若功能键中无【CREATE】（新建）键，按【NEXT】（下一页）键切换功能键内容。

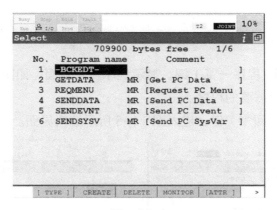

图 14-1

3）移动光标，选择程序命名方式，再使用功能键（F1～F5），如图 14-2 所示输入程序名。
程序命名方式：Words 默认程序名；Upper Case 大写；Lower Case 小写；Options 符号。

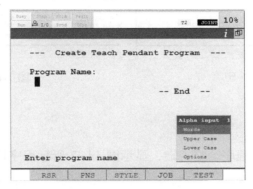

图 14-2

注意： 不可以用空格、符号、数字作为程序名的开始字母。

4）按【ENTER】（回车）键确认，如图 14-3 所示界面。按 F3 键，即【EDIT】（编辑）进入编辑界面，如图 14-4 所示。

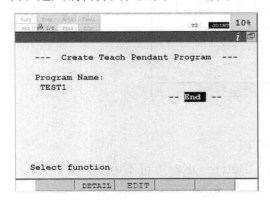

图 14-3

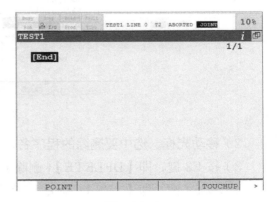

图 14-4

2. 选择程序

步骤：

1）按【SELECT】（程序一览）键，显示程序目录界面，如图 14-5 所示。

2）移动光标，选中需要的程序。

3）按【ENTER】（回车）键，进入图 14-6 所示编辑界面。

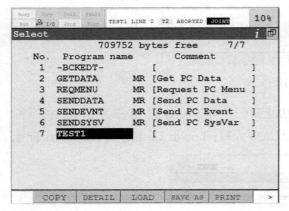

图　14-5　　　　　　　　　　　图　14-6

3. 删除程序

步骤：

1）按【SELECT】（程序一览）键，显示图 14-7 所示程序目录界面。

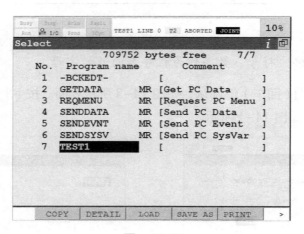

图　14-7

2）移动光标，选中要删除的程序名，如 TEST1。

3）按 F3 键，即【DELETE】（删除），出现"Delete OK?（可不可以删除？）"。

4）按 F4 键，即【YES】（是），可删除所选程序，如图 14-8 所示。

图　14-8

4. 复制程序

步骤：

1）按【Select】（程序一览）键，显示图 14-9 所示程序目录界面。

2）移动光标，选中要被复制的程序名，如 TEST1。

3）若功能键中无【COPY】（复制）键，按【NEXT】（下一页）键切换功能键内容。

4）按 F1 键，即【COPY】（复制），如图 14-10 所示界面。

5）移动光标，选择程序命名方式，再使用功能键（F1～F5）输入程序名。

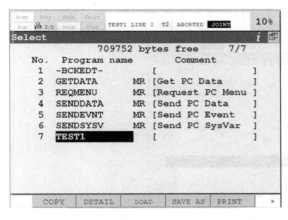

图　14-9

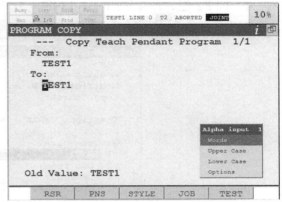

图　14-10

6）程序名输入完毕，按【ENTER】（回车）键确认，出现图 14-11 所示界面。

7）按 F4 键，即【YES】（是）即可。

图　14-11

5. 查看程序属性

步骤：

1）按【Select】（程序一览）键，显示程序目录界面。

2）移动光标，选中要查看的程序，例如复制程序 TEST1。

3）若功能键中无【DETAIL】（细节）键，按【NEXT】（下一页）键切换功能键内容，如图 14-12 所示。

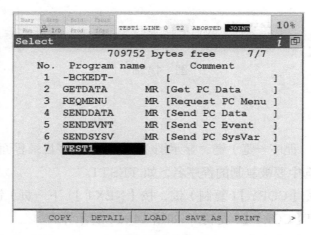

图 14-12

4）按 F2 键，即【DETAIL】（细节），出现图 14-13 所示界面。

图 14-13

Creation Date：创建日期　Modification Date：修改日期　Copy Source：复制来源

Positions：位置　Size：大小　Program name：程序名称　Sub type：副类型

Comment：注解　Group mask：群组 mask（定义程序中有哪几个组受控制）

5）把光标移至需要修改的项（只有 1～7 项可以修改），按【ENTER】（回车）键或按 F4 键［即【CHOICE】（选择）］进行修改。

6）修改完毕，按 F1 键，即【END】（结束），回到 Select 界面。

扫一扫看视频

项目测试

创建一个 TEST1 程序，将其复制到 TEST4，然后将 TEST4 删除。

项目15 FANUC工业机器人程序的编辑

项目描述

本项目主要讲解如何编辑程序。掌握如何操作工业机器人示教点位、修改默认运动指令格式、修改位置点、指令的编辑。

项目实施

1. 示教点位

步骤：

1）进入编辑界面。

2）按F1键，即【POINT】（教点资料），弹出图15-1所示界面。

3）移动光标，选择合适的运动指令格式，按【ENTER】（回车）键确认。

4）编辑界面内容将从图15-1所示界面变为图15-2所示界面，将当前工业机器人的位置记录下来。

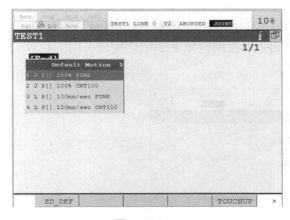

图 15-1

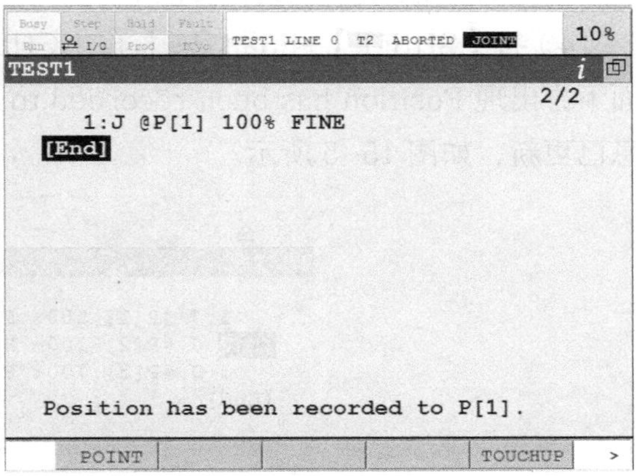

图 15-2

2. 修改默认运动指令格式

步骤：

1）进入编辑界面。

2）按F1键，即【POINT】（教点资料），弹出图15-3所示界面。

3）按F1键，即【ED_DEF】（标准指令），弹出图15-4所示界面。

4）移动光标至需要修改的项，按F4键，即【CHOICE】（选择）修改；或者用数字键输入数值进行修改。

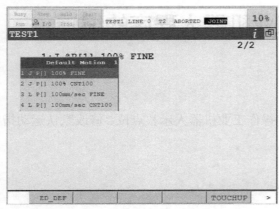

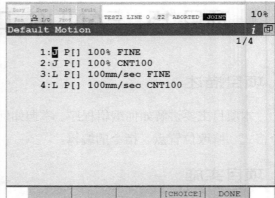

图 15-3   图 15-4

5）完成修改后按 F5 键，即【DONE】（完成），确认修改并退出修改界面。

3. 修改位置点

方法一，示教修改位置点。步骤如下：

1）进入程序编辑界面。

2）移动光标到要修正的运动指令的行号处。

3）示教工业机器人到需要的点。

4）按【SHIFT】+F5 键[即【TOUCHUP】（点修正）]，当该行出现@符号，同时界面下方出现 Position has been recorded to P[2]（现在的位置 P[2]记忆完成）时，位置信息已更新，如图 15-5 所示。

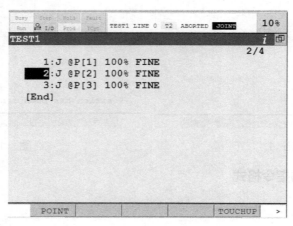

图 15-5

注：有些版本的软件在更新位置信息时，只显示@符号或只显示 Position has been recorded to P[2]（现在的位置 P[2]记忆完成）。

方法二，直接写入数据修改位置点。步骤如下：

1）进入编辑界面，如图 15-6 所示。

2）移动光标到要修正的位置号处。

3）按 F5 键，即【POSITION】（位置），显示位置数据子菜单，如图 15-7 所示。

4）按 F5 键，即【REPRE】（形式），切换位置数据类型。有 Cartesian（直线）：直角坐标系；Joint（关节）：关节坐标系。默认的显示是直角坐标系下的数据。

5）输入需要的新值。

6）修改完毕，按 F4 键，即【DONE】（完成），退回图 15-6 所示界面。

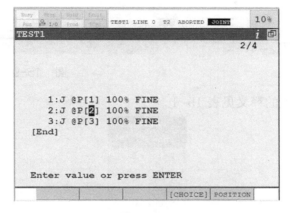

图 15-6

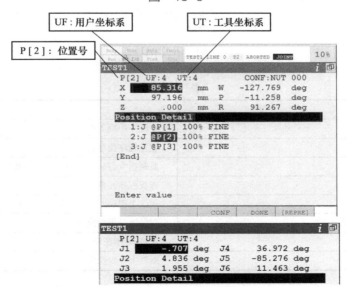

图 15-7

执行程序时，需要使当前的有效工具坐标系号和用户坐标系号与 P 点所记录的坐标信息一致。

4. 指令的编辑（EDCMD）

进入编辑界面；按【NEXT】（下一页）键，切换功能键内容，如图 15-8 所示，弹出图 15-9 所示界面。按 F5 键，即【EDCMD】（编辑），弹出图 15-10 所示界面。

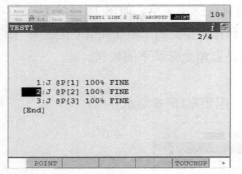

图 15-8

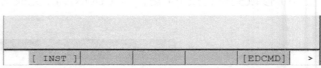

图 15-9

图 15-10 所示选项的释义见表 15-1。

图 15-10

表 15-1

命　令	含　义
Insert（插入）	在程序中插入空白行
Delete（删除）	删除程序指令行
Copy（复制）	复制指令行到程序中所需要的地方
Find（检索）	查找程序元素
Replace（替换）	用一个程序元素替换另外一个程序元素
Renumber（重新编码）	对位置号重新排序
Comment（注解）	隐藏/显示注释
Undo（复原）	撤销上一步操作

（1）插入空白行（Insert）　步骤：

1）进入编辑界面。

2）移动光标到所需要插入空白行的位置（空白行插在光标行之前）。

3）按 F5 键，即【EDCMD】（编辑）。

4）移动光标到【Insert】（插入）项，并按【ENTER】（回车）键确认，如图 15-11 所示。

5）界面下方出现"How many line to insert？"（要插入几行？），用数字键输入需要插入的行数（例如插入 2 行），并按【ENTER】（回车）键确认，如图 15-12 所示。

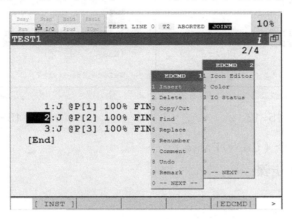

图　15-11

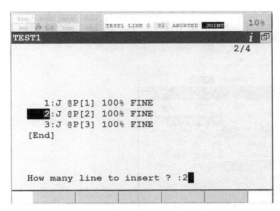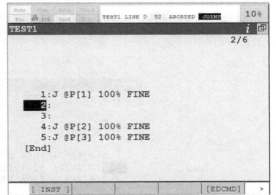

图　15-12

（2）删除指令行（Delete）　步骤：

1）进入编辑界面。

2）移动光标到所要删除的指令行号处。

3）按 F5 键，即【EDCMD】（编辑）。

4）移动光标到【Delete】（删除）项，并按【ENTER】（回车）键确认，如图 15-13 所示。

5）界面下方出现"Delete line（s）？"（确定删除行吗？），移动光标，选中需要删除的行（可以是单行或是连续的几行）。

6）按 F4 键，即【YES】（是），即可删除所选行，如图 15-14 所示。

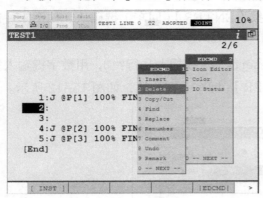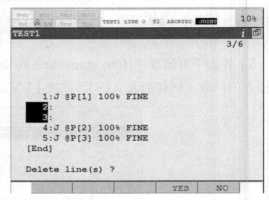

图 15-13 图 15-14

（3）复制/粘贴指令（Copy/Paste）

1）复制（Copy）步骤：

① 进入编辑界面。

② 移动光标到所要复制的行号处。

③ 按 F5 键，即【EDCMD】（编辑）。

④ 移动光标到【Copy/Cut】（复制）项，并按【ENTER】（回车）键确认，如图 15-15 所示。

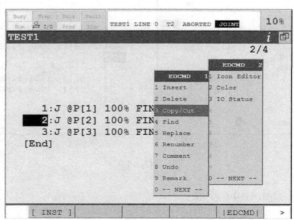

图 15-15

⑤ 按 F2 键，即【COPY】（复制），界面下方出现"Move cursor to select range"（移动光标选择范围），如图 15-16 所示。

⑥ 移动光标，选中需要复制的行（可以是单行或是连续的几行），如图 15-17 所示。

⑦ 再按 F2 键，即【COPY】（复制），确定所复制的行，如图 15-18 所示。

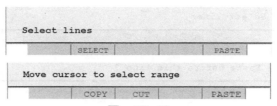

图 15-16

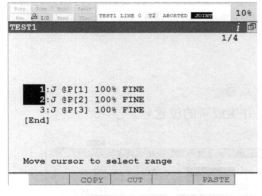

图 15-17

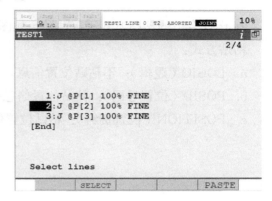

图 15-18

2）粘贴（PASTE）步骤：

① 进入编辑界面。

② 移动光标到所需要粘贴的行号处（插入式粘贴，不需要先插入空白行），如图 15-19 所示。

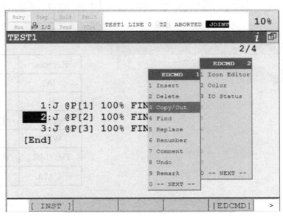

图 15-19

③ 按 F5 键，即【EDCMD】（编辑）。

④ 移动光标到【Copy/Cut】（复制）项，并按【ENTER】（回车）键确认。

⑤ 按 F5 键，即【PASTE】（粘贴），界面下方出现"Paste before this line？"（粘贴在该行之前？），如图 15-20 所示。

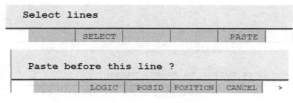

图 15-20

⑥ 选择合适的粘贴方式进行粘贴，如图 15-21 所示。

粘贴方式：

a. LOGIC（逻辑）：不粘贴位置信息。

b. POSID（位置号码）：粘贴位置信息和位置号。

c. POSITION（位置资料）：粘贴位置信息并生成新的位置号。

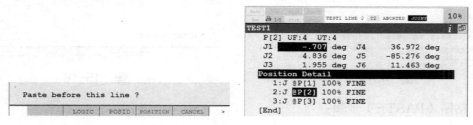

图 15-21

（4）指令的插入（INST）步骤：进入编辑界面，按 F1 键，即【INST】（指令），如图 15-22 所示。通过光标选择，然后按【ENTER】（回车）键确认即可。

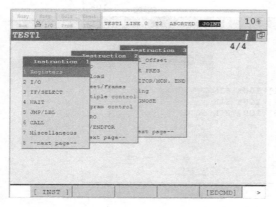

图 15-22

Registers	寄存器指令
I/O	I/O指令
IF	条件指令
SELECT	条件选择指令
WAIT	等待指令
JMP/LBL	跳转/标签指令
CALL	呼叫指令

项目测试

实操测试：创建一个 TEST1 程序，添加三个运动指令，完成示教点位、修改默认运动指令格式、修改位置点操作。

第 **6** 章

让 FANUC 工业机器人执行程序

项目 16　FANUC 工业机器人程序执行

项目描述

本项目主要讲解怎样执行 FANUC 工业机器人程序，其中需掌握怎样启动、中断和恢复工业机器人程序。

项目实施

1. 程序的启动方式（图 16-1）。

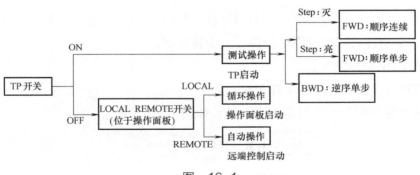

图　16-1

（1）TP 启动方式一　顺序单步执行，如图 16-2 所示。步骤如下：

1）按住【DEADMAN】。

2）把 TP 开关旋到"ON"（开）状态。

3）移动光标到要开始执行的指令行处（图 16-2a）。

4）按【STEP】（单步）键，确认【Step】（单步）指示灯亮（图 16-2b）。

5）按住【SHIFT】键，每按一下【FWD】键执行一行指令。程序运行完，工业机器人停止运动。

（2）TP 启动方式二　顺序连续执行，如图 16-2 所示。步骤如下：

1）按住【DEADMAN】。

2）把 TP 开关旋到"ON"（开）状态。

3）移动光标到要开始执行的指令处（图 16-2a）。

4）确认【Step】（单步）指示灯不亮，若【Step】（单步）指示灯亮，按【Step】（单步）键，切换指示灯的状态（图 16-2b）。

5）按住【SHIFT】键，再按一下【FWD】键开始执行程序。程序运行完，工业机器人停止运行。

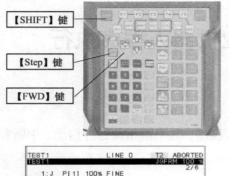

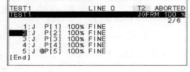

a)

b)

图　16-2

（3）TP 启动方式三　逆序单步执行。步骤如下：

1）按住【DEADMAN】。

2）把 TP 开关旋到"ON"（开）状态。

3）移动光标到要开始执行的指令行处，如图 16-3 所示。

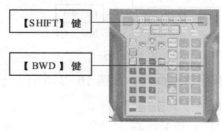

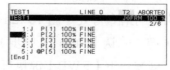

图　16-3

4）按住【SHIFT】键，每按一下【BWD】键执行一条指令。程序运行完，工业机器人停止运动。

2. 中断程序的执行

（1）引起程序中断的情况

1）操作人员停止程序运行。

2）程序运行中遇到报警。

（2）程序的中断状态类型

1）强制终止：TP 界面将显示程序的执行状态为 ABORTED（结束），如图 16-4 所示。

2）暂停：TP 界面将显示程序的执行状态为 PAUSED（暂停），如图 16-5 所示。

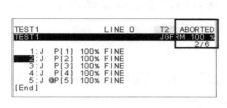

图 16-4

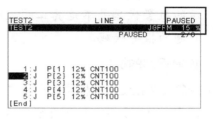

图 16-5

（3）人为中断程序的方法

（4）报警引起的程序中断　当程序运行或工业机器人操作中有不正确的地方时会产生报警，并使工业机器人停止执行任务，以确保安全。

实时的报警码会出现在 TP 上（TP 界面只能显示一条报警码），如要查看报警记录，需要依次操作【MENU】–【ALARM】（异常履历）– F3【HIST】（履历），显示图 16-6 所示界面。

【F4 CLEAR】（删除）：清除报警代码历史记录（【SHIFT】+【F4 CLEAR】）。

【F5 DETAIL】（细节）：详细内容（同时若按【F5 HELP】（说明）显示报警代码的详细信息）。

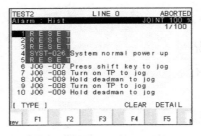

图 16-6

> **注意**：一定要将故障消除，按【RESET】键才会真正消除报警。有时，TP上实时显示的报警代码并不是真正的故障原因，这时通过查看报警记录才能找到引起问题的报警代码。

3. 恢复程序的执行

1）按急停按钮使工业机器人立即停止，程序运行中断，报警出现，伺服系统关闭。

2）按【HOLD】键，使工业机器人运动减速停止。

报警代码：

SRVO － 001 Operator panel E-stop（操作面板急停按钮）

SRVO － 002 Teach Pendant E-stop（示教器急停按钮）

3）恢复步骤：

① 消除急停原因，例如修改程序。

② 顺时针旋转松开急停按钮。

③ 按TP上的【RESET】（复位）键，消除报警代码，此时FAULT（故障）指示灯灭。

4）程序执行恢复步骤：

① 消除报警，依次按键操作：【MENU】（菜单）-0键【NEXT】（下一个）-【STATUS】（状态）-F1【Type】（类型）-【Exec-hist】（执行历史记录），显示如图16-7所示界面。界面记录程序执行的历史情况，最新程序执行的状态将显示在第一行。

② 找出暂停程序当前执行的行号（例：当前在顺序执行到程序第5行的过程中被暂停）。

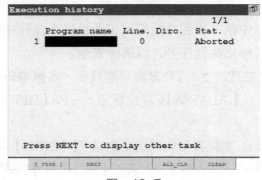

图 16-7

Program name: 程序名称　Line: 行　Dirc.: 方向　Stat: 状态

③ 进入程序编辑界面，如图 16-8 所示。

④ 手动执行到暂停行或执行顺序的上一行。

⑤ 通过启动信号继续执行程序。

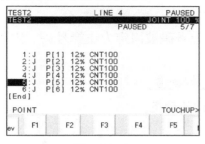

图　16-8

扫一扫看视频

项目测试

实操题

（1）工业机器人启动程序操作。

（2）工业机器人中断程序操作。

（3）工业机器人恢复程序操作。

项目 17　FANUC 工业机器人手动 I/O 控制

项目描述

本项目主要讲解 FANUC 工业机器人手动 I/O 控制，需掌握信号的分类、信号的控制及系统信号的知识。

项目实施

I/O（输入/输出信号）是工业机器人与末端执行器、外部装置等系统的外围设备进行通信的电信号。分为通用 I/O 信号和专用 I/O 信号。

1. 信号的分类及 I/O 模块的构成

（1）通用 I/O 信号

数字输入/输出　　DI[i] / DO[i]　　　　　512/512

群组输入/输出　　GI[i] / GO[i]　　　　　0～32767

模拟输入/输出　　AI[i] / AO[i]　　　　　0～16383

（2）专用 I/O 信号

外围设备　　UI[i] / UO[i]　　　　18/20

操作面板输入/输出　　SI[i] / SO[i]　　　　15/15

工业机器人输入/输出　　RI[i] / RO[i]　　　　8/8

数字 I/O、群组 I/O、模拟 I/O、外围设备 I/O，可以将物理号码分配给逻辑号码（进行再定义）。

工业机器人 I/O、操作面板 I/O，其物理号码被固定为逻辑号码，因而不能进行再定义。

（3）I/O 模块的构成　I/O 模块由如下硬件构成：

1）机架（RACK）：构成 I/O 模块的硬件的种类。

① 0 = 处理 I/O 印制电路板。

② 1～16 = I/O 单元 MODEL A/B。

2）插槽（SLOT）：构成机架的 I/O 模块部件的号码。

① 使用处理 I/O 印制电路板的情况下，按所连接的印制电路板顺序分别为插槽 1、2……

② 使用 I/O 单元 MODEL A/B 的情况下，则用来识别所连接模块的号码。

2. 信号的控制

（1）配置　配置是建立工业机器人的软件端口与通信设备间的关系。

注意：操作面板输入/输出 SI[i] / SO[i]和工业机器人输入/输出 RI[i] / RO[i]为硬接线连接，不需要配置。

信号配置步骤（以数字输入为例）：

1）依次按键操作：【MENU】(菜单)—【I/O】(信号)—F1【Type】(类型)—【Digital】(数字)，显示如图 17-1 所示。

2）按 F2【CONFIG】(定义)键，进入图 17-2 所示界面。

3）按 F3【IN/OUT】(输入/输出)键,可在输入/输出间切换。

4）按 F4【DELETE】(清除)键，删除光标所在项的分配。

5）按 F5【HELP】(帮助)键。

6）按 F2【MONITOR】(状态一览)键，返回图 17-1 所示界面。

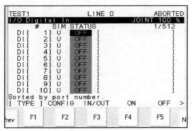

图 17-1

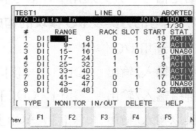

图 17-2

图 17-2 中，参数说明如下：

① RANGE（范围）：软件端口的范围。

② RACK：I/O 通信设备种类，0 = Process I/O board，1～16 = I/O Model A/B，48=CRM15/CRM16。

③ SLOT：I/O 模块的数量，使用 Process I/O 板时，按与主板的连接顺序定义 SLOT 号；使用 I/O Model A/B 时，SLOT 号由每个单元所连接的模块顺序确定；使用 CRM15/CRM16 时，SLOT 号为 1。

④ START：开始点，对应于软件端口的 I/O 设备起始信号位。

⑤ STAT.：状态，ACTIVE 为激活；UNASG 为未分配；PEND 为需要重启生效；Invalid 为无效。

（2）强制输出 给外部设备手动强制输出信号。

信号强制输出步骤（以数字输出为例）：

1）依次按键操作：【MENU】（菜单）—【I/O】（信号）—F1【Type】（类型）—【Digital】（数字）。

2）按 F3【IN/OUT】（输入/输出）键，选择输出界面，如图 17-3 所示。

3）移动光标到要强制输出信号的 STATUS（状态）处。

4）按 F4【ON】（开）键，强制输出；按 F5【OFF】（关）键，强制关闭，界面如图 17-4 所示。

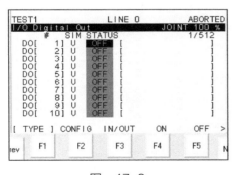

图 17-3

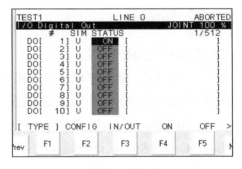

图 17-4

（3）仿真输入 仿真输入功能可以在不和外部设备通信的情况下，内部改变信号的状态。这一功能可以在外部设备没有连接好的情况下，检测信号语句。

信号仿真输入步骤（以数字输入为例）：

1）依次按键操作：【MENU】（菜单）-【I/O】（信号）-F1【Type】（类型）-【Digital】（数字）。

2）通过 F3【IN/OUT】（输入/输出）键选择输入界面，如图 17-5 所示。

3）移动光标至要仿真信号的 SIM（仿真）项处。

4）按 F4【SIMULATE】（仿真）键，进行仿真输入；按 F5【UNSIM】（解除）键，可取消仿真输入，如图 17-6 所示。

5）把光标移到 STATUS（状态）项，可按 F4【ON】（开）键和 F5【OFF】（关）键切换信号状态。

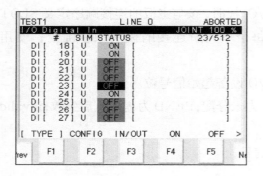

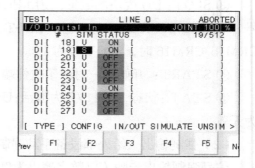

图 17-5　　　　　　　　　　　　　　图 17-6

3. 系统信号

（1）系统输入/输出信号（UOP）　系统信号是工业机器人发送给和接收自远端控制器或周边设备的信号，可以实现以下功能：

1）选择程序。

2）开始和停止程序。

3）从报警状态中恢复系统。

4）其他。

（2）系统输入信号（UI）

UI[1]　IMSTP：紧急停机信号（正常状态：ON）。

UI[2]　Hold：暂停信号　（正常状态：ON）。

UI[3]　SFSPD：安全速度信号（正常状态：ON）。

UI[4]　Cycle Stop：周期停止信号。

UI[5]　Fault reset：报警复位信号。

UI[6]　Start：启动信号（信号下降沿有效）。

UI[7]　Home：回 HOME 信号（需要设置宏程序）。

UI[8]　Enable：使能信号。

UI[9-16]　RSR1～RSR8：工业机器人服务请求信号。

UI[9-16]　PNS1～PNS8：程序号选择信号。

UI[17]　PNSTROBE：PN 滤波信号。

UI[18]　PROD_START ：自动操作开始（生产开始）信号（信号下降沿有效）。

（3）系统输出信号（UO）

UO[1]　CMDENBL：命令使能信号输出。

UO[2]　SYSRDY：系统准备完毕输出。

UO[3]　PROGRUN：程序执行状态输出。

UO[4]　PAUSED：程序暂停状态输出。

UO[5]　HELD：暂停输出。

UO[6]　FAULT：错误输出。

UO[7]　ATPERCH：工业机器人就位输出。

UO[8]　TPENBL：示教器使能输出。

UO[9]　BATALM：电池报警输出（控制柜电池电量不足，输出为 ON）。

UO[10]　BUSY：处理器忙输出。

UO[11-18]　ACK1～ACK8：证实信号，当 RSR 输入信号被接收时，能输出一个相应的脉冲信号。

UO[11-18] SNO1～SNO8：该信号组以 8 位二进制码表示相应的当前选中的 PNS 程序号。

UO[19]　SNACK：信号数确认输出。

UO[20]　Reserved：预留信号。

扫一扫看视频

扫一扫看视频

项目测试

1. 填空题

（1）I/O （输入/输出信号）是_____、_____的外围设备进行通信的电信号。分为_____和_____。

（2）系统信号是工业机器人发送给和接收自远端控制器或周边设备的信号，可以实现以下功能：_____、_____、_____、其他。

2. 实操题

练习 FANUC 工业机器人 I/O 仿真设置。

项目 18 FANUC 工业机器人基准点设置与宏设置

项目描述

本项目主要讲解工业机器人基准点与宏的相关知识，掌握 FANUC 工业机器人基准点与宏设置的方法。

项目实施

1. 基准点（Ref Position）

基准点是一个基准位置，工业机器人在这一位置时通常是远离工件和周边的机器。当工业机器人在基准点时，会发出信号给其他远端控制设备（如 PLC），远端控制设备根据此信号可以判断工业机器人是否在规定位置。

FANUC 工业机器人最多可以设置三个基准点：Ref Position1、Ref Position2、Ref Position3。

> 注：当工业机器人在 Ref Position1 位置时，系统指定的 UO[7]（AT PERCH）将发信号给外部设备，但到达其他基准点位置的输出信号需要定义。当工业机器人在基准点位置时，相应的 Ref Position1、Ref Position2、Ref Position3 可以用 DO 或 RO 给外部设备发信号。

设置基准点的步骤如下：

1）依次按键操作【MENU】（菜单）-【SETUP】（设置）-F1【Type】（类型）-【Ref Position】（基准点），显示图 18-1 所示界面。

2）按 F3 键，即【DETAIL】（细节），显示详细界面，如图 18-2 所示。

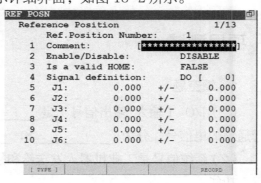

图 18-1　　　　　　　　　　　　　　图 18-2

3）输入注释：

① 将光标置于注释行，按回车出现图 18-3 所示界面。

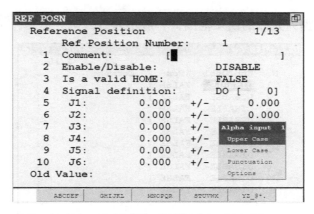

图　18-3

② 移动光标，选择以何种方式输入注释。

③ 按相应的 F1～F5 键输入注释。

④ 输入完毕，按回车键退出。

4）将光标移至第 3 项，设置是否为有效 HOME 位置（基准位置确认）。

5）将光标移至第 4 项信号定义：指定当工业机器人到达该基准点时，发出信号的端口。

① 当光标移到图 18-4 所示位置，可以通过 F4 键或 F5 键在 DO（数字输出）和 RO（工业机器人输出）间切换端口类型。

② 当光标移到图 18-5 所示位置，可以通过 TP 上的数字键输入端口号，端口号为 0 时无效。

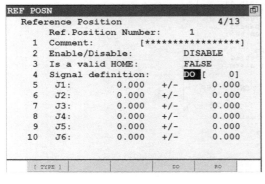

图　18-4

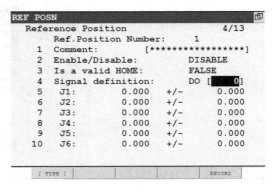

图　18-5

6）示教基准点位置。

方法一（示教法）：把光标移到 J1～J9 轴的设置项，按【SHIFT】+F5 键［即【RECORD】（记录位置）］，工业机器人的当前位置被作为基准点记录下来。

方法二（直接输入法）：把光标移到 J1～J9 轴的设置项，直接输入基准点的关节坐标数据。

图 18-6 右栏数据为允许的误差范围，一般不为 0。

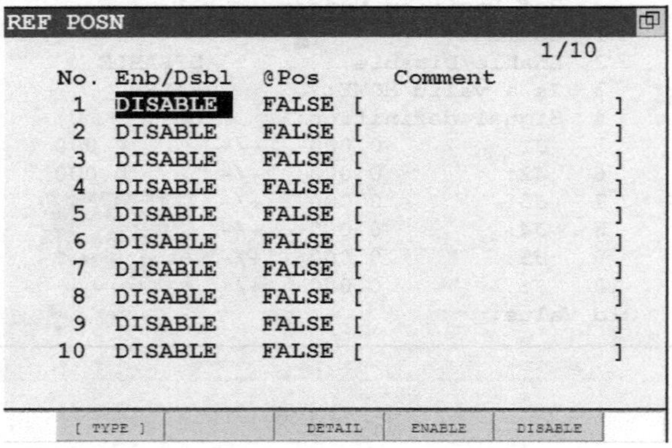

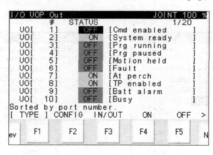

图 18-6

7）基准点指定后按【PREV】（前一页）键返回图 18-6 所示界面。

8）为使基准点有效/失效，把光标移至 ENABLE/DISABLE（有效/无效），然后按相应的功能键（F4 或 F5）。

9）若基准点有效，当系统检测到工业机器人在基准点位置，则相应的@Pos 项变为 TURE（内）。

10）若在步骤 5）中定义过信号端口，则当系统检测到工业机器人在基准点位置时，相应的信号置 ON。第一个基准点位置有默认的信号 UO[7]，如图 18-7 所示。

图 18-7

2. 宏（MACRO）

宏是若干程序指令集合在一起，一并执行的指令。

作为程序中的指令执行，可通过 TP 上的手动操作界面执行；通过 TP 上的用户键执行；通过 DI、RI、UI 信号执行。

（1）设置宏指令　宏指令可以用下列设备定义：

1）MF[1]～MF[99]：【MANUAL FCTN】菜单。

2）UK[1]～UK[7]：用户键 1～7。

3）SU[1]～SU[7]：用户键 1～7+【SHIFT】键。

4）DI[1]～DI[9]：数字输入。

5）RI[1]～RI[8]：工业机器人输入。

宏程序的创建和普通程序一样。

设置宏的步骤：

1）按【MENU】（菜单）键，选择【SETUP】（设定）。

2）按F1【Type】（类型）键，选择【Macro】（宏指令），出现图18-8所示界面。

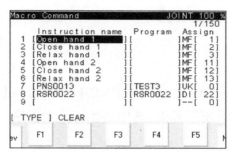

图　18-8

3）移动光标到【Instruction name】（宏指令名），按【ENTER】（回车）键，显示图18-9所示界面。

4）移动光标选择输入类型，用F1～F5键输入字符，为宏指令命名，如图18-9所示。

5）移动光标到【Program】（程序），按F4【CHOICE】（选择）键，显示图18-10所示界面。

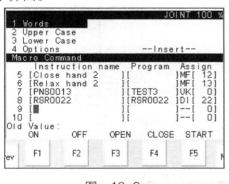

图　18-9

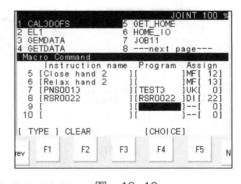

图　18-10

6）选择需要的程序，按【ENTER】（回车）键确认。

7）移动光标到【Assign】（定义）的"--"处，按F4【CHOICE】（选择）键，显示图18-11所示界面，选择执行方式。

8）选择好执行方式后，移动光标到【Assign】（定义）的"[　]"处，用数字键输入对应的设备号，如图18-12所示。

9）设置完毕，按照所选择的方式执行宏指令。

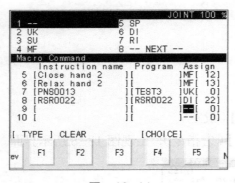

图 18-11

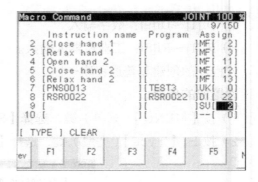

图 18-12

（2）执行宏指令

1）方法一，MF[1] ～MF[99]：按【MENU】（菜单）-【MANUAL FCTNS】（手动操作功能），出现图18-13所示界面。选中要执行的宏程序，按【SHIFT】+ F3【EXEC】键启动。

2）方法二，UK[1]～UK[7]：如图18-14所示，按相应的用户键即可启动（一般情况下，UK都是在出厂前被定义的，具体功能见键帽上的标识）。

3）方法三，SU[1]～SU[7]：如图18-14所示，按【SHIFT】+相应的用户键1～7即可启动。

4）方法四，DI[1]～DI[9]：输入DI信号启动，如图18-15所示。

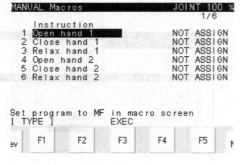

图 18-13

图 18-14

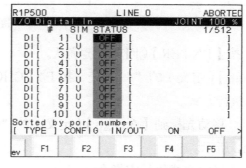

图 18-15

5）方法五，RI[1]～RI[8]：输入 RI 信号启动，如图 18-16 所示。

6）方法六，程序：作为程序指令执行。

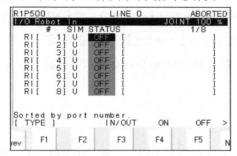

图　18-16

扫一扫看视频

项目测试

1. 简述题

简述 FANUC 工业机器人基准点的定义。

2. 实操题

创建一个宏程序，使用 DI 输入信号启动。

项目 19　FANUC 工业机器人自动运行

项目描述

本项目主要讲解工业机器人自动运行的相关知识，掌握 FANUC 工业机器人自动运行方式 RSR 和 PSN 的设置。

项目实施

自动运行是指外部设备通过信号或信号组的输入/输出来选择与执行程序。常用的自动运行方式有 RSR 和 PNS。

涉及的信号：　　UI　　　　　　　　　UO

　　　　　　　　UI [9]～UI[16]　　　UO[11]～UO[18]

　　　　　　　　UI [9]～UI[18]　　　UO[11]～UO[19]

（1）自动运行的执行条件

1）TP 开关置于 OFF。

2）非单步执行状态。

3）模式开关旋到 AUTO 档。

4）自动模式为 REMOTE（外部控制）。

5）ENABLE UI SIGNAL （UI 信号有效）为 TURE（有效）。

第4）、5）项条件的设置步骤：依次单击【MENU】（菜单）–0【NEXT】（下一个）–6【system】（系统设定）–F1【Type】（类型）–【config】（主要的设定），将 ENABLE UI SIGNAL （UI 信号有效）设为 TURE，将【Remote/Local SETUP】（设定控制方式）设为 Remote。

① UI[1]～UI[3]为 ON。

② UI[8]*ENBL 为 ON。

③ 系统变量$RMT_MASTER 为 0（默认值是 0）。设置步骤：依次单击【MENU】（菜单）–0【NEXT】（下一个）–6【system】（系统设定）–F1【Type】（类型）–【Variables】（系统参数）– $RMT_MASTER。

> **注意：** 系统变量$RMT_MASTER 定义下列远端设备。
>
> 0：外围设备。
>
> 1：显示器/键盘。
>
> 2：主控计算机。
>
> 3：无外围设备。

（2）自动运行方式 RSR 通过工业机器人需求信号（RSR1～RSR8）选择和开始程序。

1）特点：

① 当一个程序正在执行或中断时，被选择的程序处于等待状态，一旦原先的程序停止，就开始运行被选择的程序。

② 只能选择 8 个程序。

2）自动运行方式 RSR 的程序命名要求：

① 程序名必须为 7 位。

② 由 RSR + 4 位程序号组成。

③ 程序号 = RSR 记录号 + 基数（不足以零补齐）。

例： 程序名 RSR0112，如图 19-1 所示。

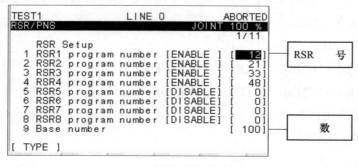

图 19-1

3）RSR 设置步骤：

① 依次按键操作：【MENU】（菜单）–【SETUP】（设置）–F1【Type】（类型）–【RSR/PNS】或【Prog Select】（选择程序），如图 19-2 所示。

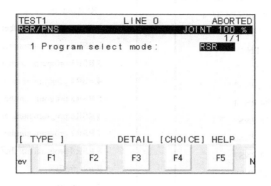

图　19-2

② 按 F3【DETAIL】（细节）键，进入 RSR 设置界面，如图 19-3 所示。

③ 光标移到记录号处，对相应的 RSR 输入记录号，并将 DISABLE(无效)改 ENABLE（有效）。

④ 光标移到基数处，输入基数（可以为 0）。

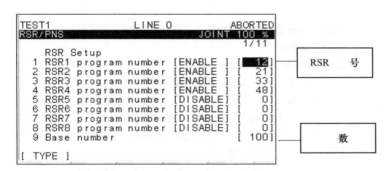

图　19-3

例： 创建程序名为 RSR0121 的程序。

① 依次按键操作：【MENU】（菜单）–【I/O】（信号）–F1【Type】（类型）–【UOP】（控制信号），通过 F3【IN/OUT】（输入/输出）键，选择输入界面，如图 19-4 所示。

② 系统信号 UI[10]置 ON，UI[10]对应 RSR2，RSR2 的记录号为 21，基数为 100，如图 19-5 所示。

③ 按照 RSR 程序命名要求，选择的程序为 RSR0121。

```
     TEST1        LINE 0   AUTO ABORTED
I/O\UOP\In\\\\\\\\\\\\\\\\\\JOINT\100\%

        #  STATUS        18/18
     UI[  9]    OFF  [RSR1/PNS1    ]
     UI[ 10]    ON   [RSR2/PNS2    ]
     UI[ 11]    OFF  [RSR3/PNS3    ]
     UI[ 12]    OFF  [RSR4/PNS4    ]
     UI[ 13]    OFF  [RSR5/PNS5    ]
     UI[ 14]    OFF  [RSR6/PNS6    ]
     UI[ 15]    OFF  [RSR7/PNS7    ]
     UI[ 16]    OFF  [RSR8/PNS8    ]
     UI[ 17]    OFF  [PNS strobe   ]
     UI[ 18]    \OFF\ [Prod start  ]


  [ TYPE ] CONFIG  IN/OUT          >
```

图 19-4

```
     TEST1        LINE 0   AUTO ABORTED
Prog\Select\\\\\\\\\\\\\\\\\\JOINT\100\%
                  1/12
    RSR Setup
   1 RSR1 program number [ENABLE\] [  0]
   2 RSR2 program number [ENABLE ] [ 21]
   3 RSR3 program number [ENABLE ] [  0]
   4 RSR4 program number [ENABLE ] [  0]
   5 RSR5 program number [DISABLE] [  0]
   6 RSR6 program number [DISABLE] [  0]
   7 RSR7 program number [DISABLE] [  0]
   8 RSR8 program number [DISABLE] [  0]
   9 Job prefix            [RSR]
   10 Base number          [ 100]
   11 Acknowledge function      [FALSE]
   12 Acknowledge pulse width(msec) [\400]
   【 TYPE 】
```

图 19-5

例：

```
Whether to enable or disable RSR
$RSR 1 Enable
$RSR 2 Enable        Base number
$RSR 3 Enable        $SHELL_CFG$JOB_BASE  100
$RSR 4 Enable
                RSR registration      RSR
                number        program number    RSR program
RSR 1           RSR 1  12
RSR 2  on ⟹ RSR 2  21 ⟹  0121  ⟹  RSR0121
RSR 3           RSR 3  33
RSR 4           RSR 4  48
```

4）RSR 时序图，如图 19-6 所示。

（3）自动运行方式 PNS 程序号码根据信号 PNS1～PNS8 和 PNSTROBE 选择一个程序。

1）特点：

①当一个程序被中断或执行时，这些信号被忽略。

②自动开始操作信号（PROD_START）：从第一行开始执行被选中的程序，当一个程序被中断或执行时，这个信号不被接收。

③最多可以选择 255 个程序。

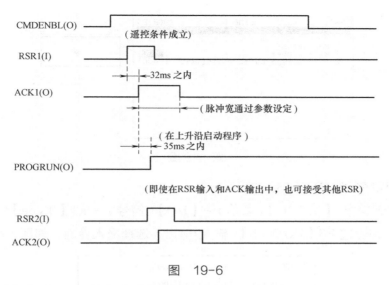

图 19-6

2）自动运行方式 PNS 的程序命名要求（图 19-7）：

① 程序名必须为 7 位。

② 由 PNS+4 位程序号组成。

③ 程序号=PNS 号+基数（不足以零补齐）。

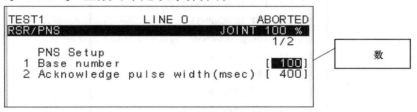

图 19-7

3）PNS 设置步骤：

① 依次按键操作：【MENU】（菜单）-【SETUP】（设定）-F1【Type】（类型）-
【RSR/PNS】或【Prog Select】（选择程序），显示如图 19-8 所示界面。

② 按 F3【DETAIL】（细节）键，进入 PNS 设置界面，如图 19-9 所示。

③ 光标移到基数处，输入基数（可以为 0）。

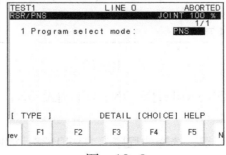

图 19-8

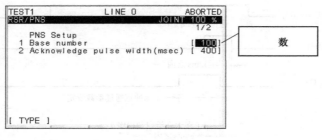

图 19-9

例：创建程序名为 PNS0138 的程序。

① 依次按键操作：【MENU】（菜单）-【I/O】（信号）- F1【Type】（类型）-UOP（控制信号），并通过 F3【IN/OUT】（输入/输出）选择输入界面，如图 19-10 所示。

```
TEST1        LINE 0   AUTO ABORTED
I/O\UOP\In\\\\\\\\\\\\\\\\\\JOINT\100\%

    #  STATUS        18/18

UI[ 9]   OFF  [RSR1/PNS1    ]
UI[ 10]  ON   [RSR2/PNS2    ]
UI[ 11]  ON   [RSR3/PNS3    ]
UI[ 12]  OFF  [RSR4/PNS4    ]
UI[ 13]  OFF  [RSR5/PNS5    ]
UI[ 14]  ON   [RSR6/PNS6    ]
UI[ 15]  OFF  [RSR7/PNS7    ]
UI[ 16]  OFF  [RSR8/PNS8    ]
UI[ 17]  OFF  [PNS strobe   ]
UI[ 18]  \OFF\ [Prod start   ]
[ TYPE ] CONFIG IN/OUT        >
```

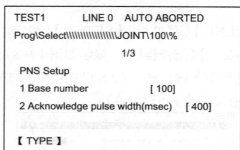

图 19-10

② 系统信号 UI[10]置 ON、UI[11]置 ON、UI[14]置 ON，分别对应 PNS2、PNS3、PNS6，基数为 100。

③ 按照 PNS 程序命名要求，选择的程序为 PNS0138，如图 19-11 所示。

例:

图 19-11

4) PNS 时序图,如图 19-12 所示。

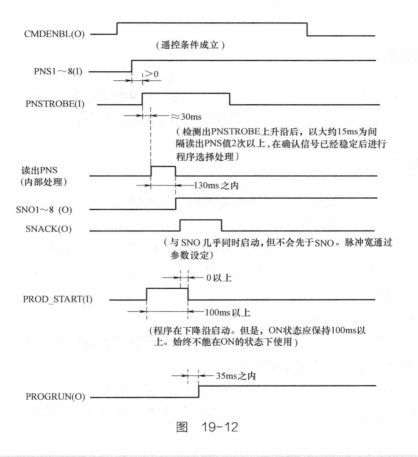

图 19-12

项目测试

1. 简述题

简述 FANUC 工业机器人自动运行的定义。

2. 实操题

创建程序名为 RSR0121 的程序。

第 **7** 章

FANUC 工业机器人程序指令详解

项目 20　FANUC 工业机器人运动指令

项目描述

本项目主要讲解 FANUC 工业机器人运动指令，需掌握工业机器人运动类型、位置数据、关节配置、定位类型、运动附加指令和运动指令编程实例操作。

项目实施

FANUC 工业机器人运动指令包含运动类型、位置指示符号、位置数据类型、移动速度、定位类型、动作附加指令。

L　　　@　　　P[i]　　　400mm/sec　　　FINE　　　offset

"L" 表示直线运动。运动指令中运动类型有：J，Joint（关节运动）；L，Linear（直线运动）；C，Circular（圆弧运动）。

"@" 表示当前位置指示。

"P[i]" 表示 i 位置的一般位置数据。运动指令中位置数据类型有：P[ ]，一般位置；PR[]，位置寄存器。i 在其中表示位置号。

"400mm/sec" 表示工业机器人在运动过程中的移动速度。

"FINE" 表示运动的精确定位。运动的定位类型有：FINE（精确定位）；CNT（非精确定位）。

"offset" 表示运动位置补偿指令。运动附加指令有：ACC（加减速倍率指令）；offset（位置补偿指令）；INC（增量指令）等。

1. 运动类型

FANUC 工业机器人运动类型有：不进行轨迹控制/姿势控制的关节运动（J）、进行轨迹控制/姿势控制的直线运动（包含旋转移动）（L），以及圆弧运动（C）。

（1）关节运动 J　关节运动是工业机器人沿着所有轴同时加速，在示教速度下移动后，同时减速后停止，通常移动轨迹为非线性。关节移动速度的单位，以相对最大移动速度的百分比来记述。关节运动中的工具姿势不受控制，如图 20-1 所示。

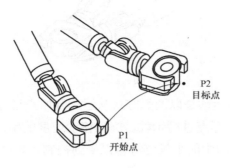

图　20-1

例：

1: J P[1] 100% FINE

2: J P[2] 70% FINE

（2）直线运动 L

1)直线运动是以线性方式从开始点运动到结束点。直线移动速度的单位，可从 mm/s、cm/min、in/min、s 中选择。直线运动中的工具姿势可以受到控制，如图 20-2 所示。

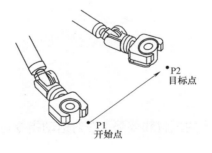

图　20-2

例：

1: J P[1] 100% FINE

2: L P[2] 500mm/sec FINE

2）旋转运动是通过直线运动，使工具的姿势从开始点到结束点以工具尖点为中心旋转的一种移动方法。旋转运动中的工具姿势可以受到控制。此时，移动速度要用 deg/s 为单位。移动轨迹（工具尖点移动的情况下）通过线性方式进行控制，如图 20-3 所示。

例：

1: J P[1] 100% FINE

2: L P[2] 30deg/sec FINE

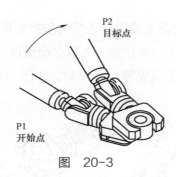

图　20-3

（3）圆弧运动 C　圆弧运动是以圆弧方式从运动开始点通过经由点到结束点运动。其在一个指令中对经由点和目标点进行示教。圆弧移动速度的单位，可从 mm/s、cm/min、in/min、s 中选择。圆弧运动中的工具姿势可以受到控制，如图 20-4 所示。

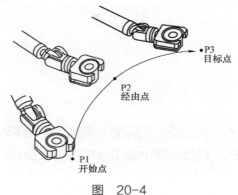

图　20-4

例：

　1: J P[1] 100% FINE
　2: C P[2]：P[3] 500mm/sec FINE

2. 位置数据

位置数据存储工业机器人的位置和姿势。在对运动指令进行示教时，位置数据同时被写入程序。

位置数据有：基于关节坐标系的关节坐标值、通过作业空间内的工具位置和姿势来表示的直角坐标系坐标值。标准设定下，将直角坐标系坐标值作为位置数据使用。

基于直角坐标系坐标值的位置数据，通过 4 个要素来定义：直角坐标系中的工具尖点（工具坐标系原点）位置，工具方向（工具坐标系）的斜度、形态、所使用的直角坐标系。

位置数据（直角坐标系坐标值）：

UF, UT,（X, Y, Z, W, P, R）, Configuration

UF：用户坐标系编号。

UT：工具坐标系编号。

"X, Y, Z"：位置。

"W, P, R"：姿势。

Configuration：形态。

（1）核实直角坐标系　直角坐标系的核实是对再现基于直角坐标值的位置数据使用哪个坐标系编号的直角坐标系进行检测。

1）在工具坐标系编号中指定了 0～10、用户坐标系编号中指定了 1～9 的情况下，当所指定的坐标系编号与当前所选的坐标系编号不同时，为了确保安全，发出报警而不执行程序。

2）坐标系编号在位置示教时被写入位置数据。要改变被写入的坐标系编号，使用工具更换/坐标更换偏移功能。

（2）工具坐标系编号（UT）　工具坐标系编号由机械接口坐标系或工具坐标系的坐标系编号指定。工具侧的坐标系由此而确定。

0：使用机械接口坐标系。

1～10：使用所指定的工具坐标系编号的工具坐标系。

F：使用当前所选的工具坐标系编号的坐标系。

（3）用户坐标系编号（UF）用户坐标系编号由世界坐标系或用户坐标系的坐标系编号指定。作业空间的坐标系由此而确定。在 LR Mate 上，该值被固定为 0（零）。

0：使用世界坐标系。

1～9：使用所指定的用户坐标系编号的用户坐标系。

F：使用当前所选的用户坐标系编号的坐标系。

（4）位置和姿势

1）位置（X，Y，Z），以三维坐标值来表示直角坐标系中的工具尖点（工具坐标系原点）位置。

2）姿势（W，P，R），以直角坐标系中的 X、Y、Z 轴周围的旋转角来表示。如图 20-5 所示。

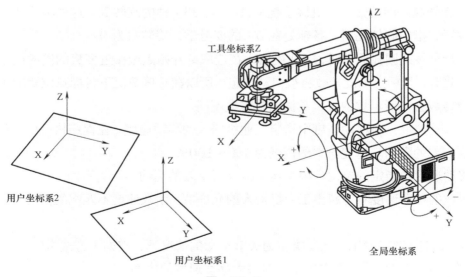

图　20-5

（5）形态　形态（Configuration）是指工业机器人主体部分的姿势。有多个满足直角坐标系坐标值（X，Y，Z，W，P，R）条件的形态。要确定形态，需要指定每个轴的关节配置（Joint Placement）和旋转数（Turn Number）。

3. 关节配置

关节配置（图20-6）是指机械手腕和机臂的配置。指定机械手腕和机臂的控制点相对控制面位于哪一侧。当控制面上控制点相互重叠时，工业机器人位于特殊点（特殊姿势）。特殊点上由于存在着无限种基于指定直角坐标系坐标值的形态，导致工业机器人不能操作。

工业机器人不能在终点位于特殊点的位置操作。（有的情况下，可选择最便于获取的形态进行操作）。这种情况下，可通过关节坐标值进行示教。

在直线/圆弧运动中，工业机器人不能通过路径上的特殊点（无法改变关节配置）。这种情况下，使用关节运动。

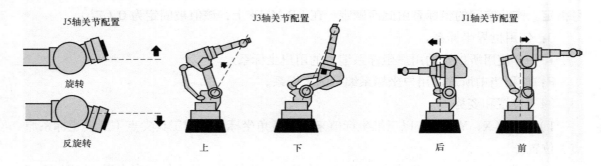

图　20-6

（1）旋转数　旋转数表示机械手腕（J4、J5、J6）轴的旋转数。这些轴旋转一周后返回相同位置，指定旋转几周。各轴处在 0° 的姿势下，旋转数为 0。

在执行直线或圆弧运动时，工业机器人在选取离开始点最接近姿势的同时向目标点方向移动。此时，目标点的旋转数将被自动选定，所以在某些情况下目标点位置的工业机器人实际旋转数会与所示教的位置数据的旋转数不同。

（2）移动速度　在移动速度中指定工业机器人的移动速度。在程序执行中，移动速度受到速度倍率的限制。速度倍率的范围为 1%～100%。

在移动速度中指定的单位，根据运动指令所示教的运动类型而不同。

所示教的移动速度不可超出工业机器人的允许值。示教速度不匹配的情况下，系统发出报警。

（3）J P[1] 50% FINE　运动类型为关节运动的情况下，按如下方式指定。

1）在 1%～100% 的范围内指定相对最大移动速度的比率。

2）单位为 s 时，在 0.1～3200s 指定移动所需时间。移动时间在较为重要的情况下进行指定。此外，有的情况下不能按照指定时间进行运动。

3）单位为 ms 时，在 1～32000ms 指定移动所需时间。

（4）L P[1] 100mm/s FINE　运动类型为直线运动或圆弧运动的情况下，按如下方式指定。

1）单位为 mm/s 时，在 1～2000mm/s 指定。

2）单位为 cm/min 时，在 1～12000cm/s 指定。

3）单位为 in/min 时，在 0.1～4724.4in/min 指定。

4）单位为 s 时，在 0.1～3200s 指定移动所需时间。

5）单位为 ms 时，在 1～32000ms 指定移动所需时间。

（5）L P[1] 50deg/sec FINE　移动方法为在工具尖点附近旋转移动的情况下，按如下方式指定。

1）单位为 deg/s 时，在 1～272deg/s 指定。

2）单位为 s 时，在 0.1～3200s 指定移动所需时间。

3）单位为 ms 时，在 1～32000ms 指定移动所需时间。

4. 定位类型

定位类型定义运动指令中的工业机器人的运动结束方法。定位类型有 FINE、CNT 两种。

（1）FINE 定位类型

　J P[i] 50% FINE

根据 FINE 定位类型，工业机器人在目标位置停止（定位）后向下一个目标位置移动。

（2）CNT 定位类型

　J P[i] 50% CNT50

根据 CNT 定位类型，工业机器人靠近目标位置，但是不在该位置停止而向下一个位置运动。

工业机器人靠近目标位置到什么程度，由 0～100 的值来定义。指定 0（零）时，工业机器人在最靠近目标位置处运动，但是不在目标位置定位而开始下一个运动。指定 100 时，工业机器人在目标位置附近不减速而马上向下一个点开始运动，并通过最远目标位置的点。

注意：1）在指定了 CNT 的运动语句等编程待命等指令的情况下，工业机器人在目标位置停止，执行该指令。

2）在 CNT 方式下连续执行距离短而速度快的多个运动的情况下，即使 CNT 的值为 100，如图 20-7 所示，也会导致工业机器人减速。

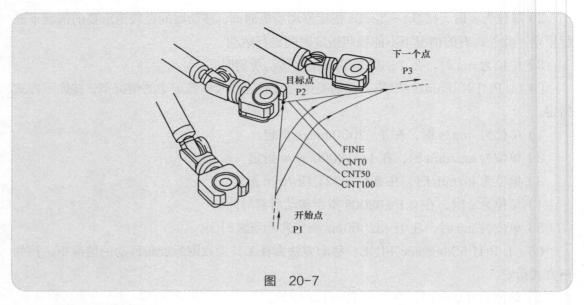

图 20-7

5. 运动附加指令

运动附加指令是在工业机器人运动中使其执行特定作业的指令。运动附加指令有加减速倍率指令（ACC）、跳过指令（Skip，LBL[i]）、位置补偿指令（Offset）、直接位置补偿指令（Offset，PR[i]）、工具补偿指令（Tool_Offset）、直接工具补偿指令（Tool_Offset，PR[i]）、增量指令（INC）、路径指令（PTH）、预先执行指令（TIME BEFORE/TIME AFTER）。

进行运动附加指令的示教，将光标指向运动指令后，按 F4【CHOICE】（选择）键，弹出运动附加指令界面，选择所希望的运动附加指令。操作如图 20-8 所示。

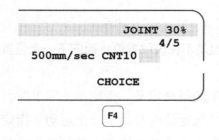

```
                    JOINT 30%
                        4/5

500mm/sec CNT10

    CHOICE
```

```
Motion Modify          JOINT 30%
1 No option        5 Incremental
2 Wrist Joint      6 Skip,LBL[ ]
3 Offset/Frames    7
4 Offset.PR[  ]    8
PROGRAM1
```

F4

图 20-8

（1）加减速倍率指令

J P[1] 50% FINE ACC80

将光标指向运动指令后，按 F4【CHOICE】（选择）键，弹出运动附加指令，选择【3 ACC】，如图 20-9 所示。

```
Motion modify
 1 No option
 2 Wrist Joint
 3 ACC
 4 Skip,LBL[]
PROGRAM1
```

图　20-9

加减速倍率指令指定运动中的加减速所需时间的比率。加减速倍率曲线如图 20-10 所示。

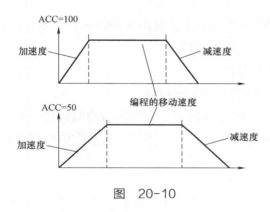

图　20-10

减小加减速倍率时，加减速时间会延长（慢慢地进行加速/减速）。例如：希望进行舀热水等有潜在危险运动的情况下，使用不足 100%的值。

增大加减速倍率时，加减速时间会缩短（快速进行加速/减速）。感到运动非常慢的部分，或者需缩短生产时间时，使用比 100%大的值。

通过加减速倍率，可以使工业机器人从开始位置到目标位置的移动时间缩短或者延长。加减速倍率值为 0%～150%。加减速倍率被编程在目标位置。

> **注意：** 加速度倍率设定为 100%以上的值时，有时会引起不灵活的运动和振动。1 次电源瞬间有大的电流流过，所以根据设备电源容量，可能会导致输入电压下降，发出电源报警，或误差过大、伺服放大器的电压下降等的伺服报警。发现这些现象时，调低加减速倍率值，或删除加减速倍率指令。

（2）位置补偿指令
 Offset,PR[2] (UFRAME [1])
 J P[1] 50% FINE Offset

将光标指向运动指令后，按 F4【CHOICE】（选择）键，弹出运动附加指令界面，选择【5 Offset】，如图 20-11 所示。

```
                   JOINT   30 %
5 Offset
6 Offset,PR[  ]
7 Incremental
8 ---next page---
```

图 20-11

位置补偿指令，在位置数据中所记录的目标位置，使工业机器人移动到仅偏移位置补偿条件中所指定的补偿量后的位置。偏移的条件由位置补偿条件指令来指定。

位置补偿条件指令，预先指定位置补偿指令中所使用的位置补偿条件。位置补偿条件指令必须在执行位置补偿指令前执行。曾被指定的位置补偿条件，在程序执行结束，或者执行下一个位置补偿条件指令之前有效。

位置补偿条件指定如下要素：

1）位置寄存器指定偏移的方向和偏移量。

2）位置数据为关节坐标值的情况下，使用关节的偏移量。

3）位置数据为直角坐标值的情况下，指定作为基准的用户坐标系。

（3）直接位置补偿指令

 J P[1] 50% FINE Offset,PR[2]

将光标指向运动指令后，按 F4【CHOICE】（选择）键，弹出运动附加指令界面，选择【6 offset，PR[]】，如图 20-12 所示。

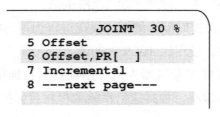

图 20-12

直接位置补偿指令，忽略位置补偿条件指令中所指定的位置补偿条件，按照直接指定的位置寄存器值进行偏移。作为基准的坐标系，使用当前所选的用户坐标系编号。如图 20-13 所示。

> **注意**：通过关节坐标系进行示教的情况下，即使改变用户坐标系，对位置变量、位置寄存器都没有影响。以直角坐标系格式对工业机器人进行示教而尚未使用用户坐标系输入选项时，位置变量对用户坐标系没有影响。在其他情况下，位置变量、位置寄存器都会受到用户坐标系的影响。

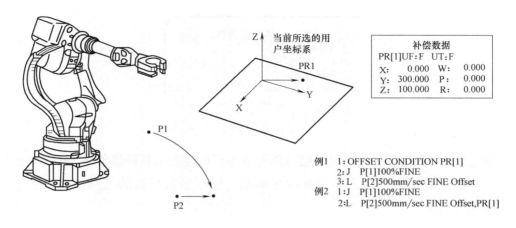

Z 当前所选的用
户坐标系

PR1

Y

X

P1

P2

补偿数据			
PR[1]UF:F　UT:F			
X:	0.000	W:	0.000
Y:	300.000	P:	0.000
Z:	100.000	R:	0.000

例1　1: OFFSET CONDITION PR[1]
　　　2:J　P[1]100%FINE
　　　3:L　P[2]500mm/sec FINE Offset
例2　1:J　P[1]100%FINE
　　　2:L　P[2]500mm/sec FINE Offset,PR[1]

图　20-13

（4）工具补偿指令
TOOL_OFFSET_CONDITION PR[2]
（UTOOL[1]）
J P[1] 50% FINE Tool_Offset

将光标指向运动指令后，按 F4【CHOICE】（选择）键，弹出运动附加指令界面，选择【5 Tool_Offset】，如图 20-14 所示。

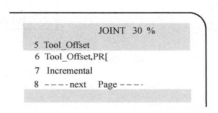

　　　　　　　JOINT　30 %
5　Tool_Offset
6　Tool_Offset,PR[
7　Incremental
8 － － － next　Page － － － －

图　20-14

工具补偿条件指令，预先指定工具补偿指令中所使用的位置补偿条件。工具补偿条件指令必须在执行工具补偿指令之前执行。曾被指定的工具补偿条件，在程序执行结束或者执行下一个工具补偿条件指令之前有效。

工具补偿条件指定如下要素。

1）位置寄存器指定偏移的方向和偏移量。

2）补偿时使用工具坐标系。

3）在没有指定工具坐标系编号的情况下，使用当前所选的工具坐标系编号。

（5）直接工具补偿指令
J P[1] 50% FINE Tool_Offset, PR[2]

将光标指向运动指令后，按 F4【CHOICE】（选择）键，弹出运动附加指令界面，选择【6 Tool_offset，PR[】，如图 20-15 所示。

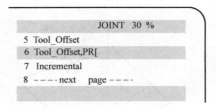

图 20-15

直接工具补偿指令，忽略工具补偿条件指令中所指定的工具补偿条件，按照直接指定的位置寄存器值进行偏移。作为基准的坐标系，使用当前所选的工具坐标系编号。如图 20-16 所示。

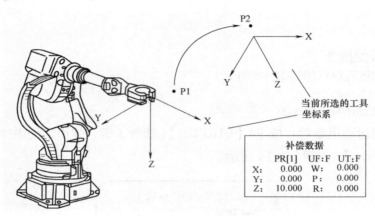

图 20-16

例 1：

1: TOOL_OFFSET_CONDITION PR[1]

2: J P[1] 100% FINE

3: L P[2] 500mm/sec FINE Tool_Offset

例 2：

1: J P[1] 100% FINE

2: L P[2] 500mm/sec FINE Tool_Offset, PR[1]

（6）增量指令

 J P[1] 50% FINE INC

增量指令将位置数据中所记录的值作为来自当前位置的增量移动量而使工业机器人移动。这意味着，位置数据中已经记录着来自当前位置的增量移动量。

增量条件通过如下要素来指定。

1）位置数据为关节坐标值的情况下，使用关节的增量值。

2）位置数据中使用位置变量（P[]）的情况下，作为基准的用户坐标系使用位置数据中所指定的用户坐标系编号。但是，系统要进行坐标系的核实（直角坐标系）。

3）位置数据中使用位置寄存器的情况下，作为基准的用户坐标系，使用当前所选的用户坐标系，如图 20-17 所示。

4）在合用位置补偿指令和工具补偿指令的情况下，运动语句中的位置数据的数据格式和补偿用的位置寄存器的数据格式应当一致。此时，补偿量作为所指定的增量值的补偿量来使用。

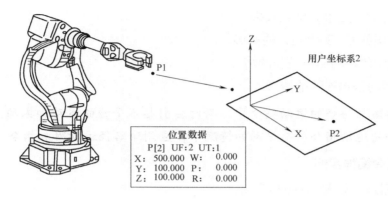

图　20-17

例：

```
1: J    P[1] 100%   FINE
2: L     P[2] 500mm/sec FINE INC
```

在进行增量指令的示教时，应注意如下事项：

1）增量指令的示教会导致位置数据成为未示教状态。

2）在进行带有增量指令的运动指令的示教时，位置数据会在未示教状态下被示教。

3）在进行带有增量指令的运动指令的位置修改时，增量指令会被自动删除。在中断附加在增量指令上的运动语句的执行而变更了位置数据的情况下，该变更情况不会被马上反映出来。要使工业机器人移动到变更后的位置，需要从上一个运动语句重新执行。

（7）路径指令

　J P[1] 50% Cnt10 PTH

路径指令在工业机器人移动距离较短的 CNT 运动（定位类型为 CNT1～CNT100 的动作）中提高运动性能。

在工业机器人移动距离较短的运动中，由于与加减速所需时间之间的关系，工业机器人的速度实际上并不能提高到运动语句中所指定的指令速度。因此，定位类型为"FINE"的运动语句中，不是基于指令速度，而是基于工业机器人实际上能够到达的"到达允许速度"制定运动计划（"运动计划"是指在工业机器人的实际运动之前计算工业机器人的移动路径）。

通过使用路径指令，即可进行使用 CNT 运动的"到达允许速度"的运动计划。通过本功能，可进行相对通常的处理（使用了指令速度的 CNT 运动的运动计划）：

1）提高循环时间。

2）提高轨迹精度。

此外，工业机器人的移动距离越短，CNT 值越小（"CNT n" 的 "n" 值小），这些效果越明显。但是，在下列情况下，使用路径指令功能，反而会使循环时间变长，所以在使用路径指令功能时，应事先确认效果。

1）运动语句的 CNT 值较大的情形。

2）运动语句的移动距离较长的情形。

3）CNT 运动语句连续的情形。

> **注意：** 在附加路径指令的运动指令中，有时会引起不平稳的运动和振动。在附加路径指令的运动指令引起振动的情况下，应删除路径运动附加指令。

6. 运动指令编程实例

（1）工件搬运　如图 20-18 所示。

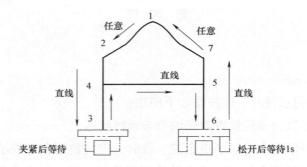

图　20-18

运动类型：1→2、7→1 为关节运动（任意运动）；

2→3、3→4、4→5、5→6、6→7 为直线运动；7 个点位置可以不在同一平面

程序见表 20-1。

表　20-1

程 序 行	指 　 令	注 　 释
1	J P[1] 100% FINE	从其他位置以 100%速度任意运动到位置 1
2	J P[2] 100% FINE	从位置 1 以 100%速度任意运动到位置 2
3	RO[1]=ON	在位置 2 气缸松开
4	L P[3] 1000mm/sec FINE	从位置 2 以 1000 mm/s 直线运动到位置 3
5	RO[1]=OFF	在位置 3 气缸夹紧
6	WAIT 1.0 sec	气缸夹紧后在位置 3 等待 1.0 s
7	L P[4] 2000mm/sec FINE	从位置 3 以 2000 mm/s 直线运动到位置 4

（续）

程 序 行	指 令	注 释
8	L P[5] 2000mm/sec FINE	从位置 4 以 2000 mm/s 直线运动到位置 5
9	L P[6] 1000mm/sec FINE	从位置 5 以 1000 mm/s 直线运动到位置 6
10	RO[1]=ON	在位置 6 气缸松开
11	WAIT 1.0 sec	气缸松开后在位置 6 等待 1.0 s
12	L P[7] 2000mm/sec FINE	从位置 6 以 2000 mm/s 直线运动到位置 7
13	RO[1]=OFF	在位置 7 气缸夹紧
14	J P[1] 100% FINE	从位置 7 以 100%速度任意运动到位置 1
[END]		程序运行结束

（2）轨迹运动　如图 20-19 所示。

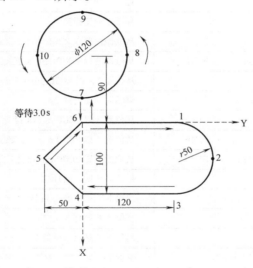

图　20-19

运动类型：1→2、2→3、7→8、8→9、9→10、

10→7 为圆弧运动；6→1、3→4、4→5、5→6、6→7、

7→6 为直线运动；先画上图，循环 3 次，等待 3s，再画下图，轨迹如图 20-19 所示；

10 个位置在同一平面。

程序（位置寄存器法：建立坐标系，指定位置具体坐标）见表 20-2。

表　20-2

程 序 行	指 令	注 释
1	PR[6]=LPOS	以位置 6 为原点
2	PR[1]=PR[6]	将位置 6 赋值给位置 1
3	PR[1,2]=PR[6,2]+120	位置 1：以位置 6 为基准，其 Y 方向+120
4	PR[2]=PR[1]	将位置 1 赋值给位置 2
5	PR[2,1]=PR[1,1]+50	位置 2：以位置 6 为基准，其 Y 方向+50

（续）

程 序 行	指　　令	注　　释
6	PR[2,2]=PR[1,2]+50	位置 2：以位置 6 为基准，其 X 方向+50
7	PR[3]=PR[1]	将位置 1 赋值给位置 3
8	PR[3,1]=PR[1,1]+100	位置 3：以位置 1 为基准，其 X 方向+100
9	PR[4]=PR[3]	将位置 3 赋值给位置 4
10	PR[4,2]=PR[3,2]－120	位置 4：以位置 3 为基准，其 Y 方向－120
11	PR[5]=PR[2]	将位置 2 赋值给位置 5
12	PR[5,2]=PR[2,2]－220	位置 5：以位置 2 为基准，其 Y 方向－220
13	PR[6]=PR[1]	将位置 1 赋值给位置 6
14	PR[6,2]=PR[1,2]－120	位置 6：以位置 1 为基准，其 Y 方向－120
15	R[1]=0	程序 1 初始值为 0
16	LBL[1]	程序 1 分支标签
17	L PR[6] 2000mm/sec FINE	从其他位置以 2000 mm/s 直线运动到位置 6
18	L PR[1] 2000mm/sec FINE	从位置 6 以 2000 mm/s 直线运动到位置 1
19	C PR[2]	从位置 1，以 2000mm/s 经过位置 2
	PR[3]2000mm/sec FINE	圆弧运动到位置 3
20	L PR[4] 2000mm/sec FINE	从位置 3 以 2000 mm/s 直线运动到位置 4
21	L PR[5] 2000mm/sec FINE	从位置 4 以 2000 mm/s 直线运动到位置 5
22	L PR[6] 2000mm/sec FINE	从位置 5 以 2000 mm/s 直线运动到位置 6
23	R[1]= R[1]+1	每循环一次，R[1]值加 1
24	IF R[1]<3 JMP LBL[1]	如果 R[1]<3，程序跳转到 16 LBL[1]执行
25	WAIT 3.0sec	在位置 6 等待 3.0s
26	PR[7]=PR[6]	将位置 6 赋值给位置 7
27	PR[7,1]=PR[6,1]－30	位置 7：以位置 6 为基准，其 X 方向－30
28	PR[8]=PR[6]	将位置 6 赋值给位置 8
29	PR[8,1]=PR[6,1]－90	位置 8：以位置 6 为基准，其 X 方向－90
	PR[8,2]=PR[6,2]+60	位置 8：以位置 6 为基准，其 Y 方向+ 60
30	PR[9]=PR[6]	将位置 6 赋值给位置 9
31	PR[9,1]=PR[6,1]－150	位置 9：以位置 6 为基准，其 X 方向－150
32	PR[10]=PR[6]	将位置 6 赋值给位置 10
33	PR[10,1]=PR[6,1]－90	位置 10：以位置 6 为基准，其 X 方向－90
	PR[10,2]=PR[6,2]－60	位置 10：以位置 6 为基准，其 Y 方向－60
34	PR[7]=PR[6]	将位置 6 赋值给位置 7
35	PR[7,1]=PR[6,1]－30	位置 7：以位置 6 为基准，其 X 方向－30
36	PR[6]=PR[7]	将位置 7 赋值给位置 6
37	PR[6,1]=PR[7,1]+30	位置 6：以位置 7 为基准，其 X 方向+30
38	L PR[6] 2000mm/sec FINE	从其他位置以 2000 mm/s 直线运动到位置 6

（续）

程 序 行	指 令	注 释
39	L PR[7] 2000mm/sec FINE	从位置 6 以 2000 mm/s 直线运动到位置 7
40	C PR[8]	从位置 7，以 2000mm/s 经过位置 8
	PR[9]2000mm/sec FINE	圆弧运动到位置 9
41	C PR[10]	从位置 9，2000mm/s 经过位置 10
	PR[7]2000mm/sec FINE	圆弧运动到位置 7
42	L PR[6] 2000mm/sec FINE	从位置 7,以 2000mm/s 直线运动到位置 6
[END]		程序运行结束

扫一扫看视频

项目测试

1. 填空题

（1）FANUC 工业机器人运动指令中运动类型可为：J，Joint_____、L，Linear_____、C，Circular_____。

（2）定位类型定义运动指令中的工业机器人的运动结束方法。定位类型有两种：_____和_____。

2. 简答题

（1）编写工业机器人走矩形轨迹的程序。

（2）编写工业机器人走圆形轨迹的程序

项目 21 FANUC 工业机器人寄存器指令

项目描述

本项目主要讲解 FANUC 工业机器人寄存器指令。掌握一般寄存器指令、位置寄存器指令和码垛寄存器运算指令。

项目实施

寄存器指令是进行寄存器的算术运算的指令。寄存器有一般寄存器指令、位置寄存器指令、码垛寄存器运算指令 3 种。

寄存器运算可以进行如下所示的多项式运算。

例：

1: R[2]=R[3]-R[4]+R[5]-R[6]

2: R[10]=R[2]*100/R[6]

但是，受到如下限制：

1）1行中可以记述的算符最多为5个。

例：

1: R[2]=R[3]+R[4]+R[5]+R[6]+R[7]+R[8]

2）算符"+""-"与"*""/"可以分别在相同行内混合使用。但是，"+"、"-"和"*"、"/"不可混合使用。

1. 一般寄存器指令

一般寄存器指令是进行寄存器的算术运算的指令。寄存器用来存储某一整数值或小数值的变量。标准情况下提供有200个寄存器。

（1）一般寄存器赋值指令

R[i] =（值）

R[i] =（值）指令，将某一值代入寄存器，如图21-1所示。

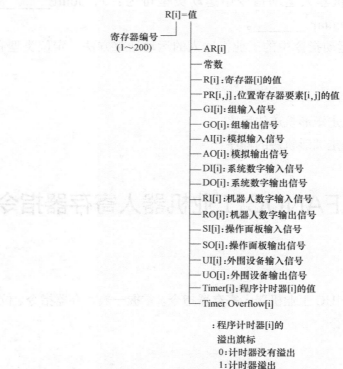

图 21-1

例:

1: R[1] = RI[3]

2: R[R[4]] = AI[R[1]]

（2）一般寄存器运算指令

R[i] =（值）+（值）

R[i] =（值）+（值）指令，将 2 个值的和代入寄存器。

R[i] =（值）-（值）

R[i] =（值）-（值）指令，将 2 个值的差代入寄存器。

R[i] =（值）*（值）

R[i] =（值）*（值）指令，将 2 个值的积代入寄存器。

R[i] =（值）/（值）

R[i] =（值）/（值）指令，将 2 个值的商代入寄存器。

R[i] =（值）MOD（值）

R[i] =（值）MOD（值）指令，将 2 个值的余数代入寄存器。

R[i] =（值）DIV（值）

　　　　x　　　　y

R[i] =（值）DIV（值）指令，将 2 个值的商的整数值部分代入寄存器。$R[i] = (x-(x \text{ MOD } y))/y$

例:

3: R[3:flag] = DI[4]+PR[1, 2]

4: R[R[4]] = R[1]+1

2. 位置寄存器指令

位置寄存器指令是进行位置寄存器的算术运算的指令。位置寄存器指令可进行代入、加法、减法处理，以与寄存器指令相同的方式记述。

位置寄存器是用来存储位置数据（X，Y，Z，W，P，R）的变量。标准情况下提供有 100 个位置寄存器。

注释: 使用位置寄存器指令之前，通过 "LOCK PREG" 来锁定位置寄存器。若没有进行锁定，运动可能会集中在一起。

（1）位置寄存器指令

1）位置寄存器赋值指令。

PR[i] =（值）

PR[i] =（值）指令，将位置数据代入位置寄存器，如图 21-2 所示。

例:

1: PR[1] = Lpos

2: PR[R[4]] = UFRAME[R[1]]

3: PR[9] = UTOOL[1]

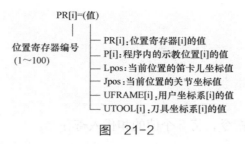

图 21-2

2）位置寄存器运算指令。

PR[i] =（值）+（值）

PR[i]=（值）+（值）指令，代入 2 个值的和。PR[i]=（值）-（值）指令，代入 2 个值的差，如图 21-3 所示。

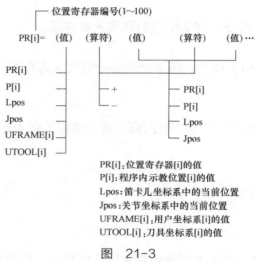

图 21-3

例：

1: PR[3] = PR[3]+Lpos

2: PR[4] = PR[R[1]]

（2）位置寄存器要素指令　位置寄存器要素指令是进行位置寄存器的算术运算的指令。PR[i, j]的 i 表示位置寄存器编号，j 表示位置寄存器的要素编号。位置寄存器要素指令可进行代入、加法、减法处理，以与寄存器指令相同的方式记述。如图 21-4 所示。

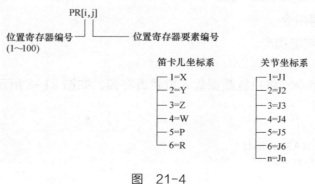

图 21-4

1）位置寄存器要素赋值指令。

PR[i,j] =（值）

PR[i，j] =（值）指令，将位置数据的要素值代入位置寄存器要素，如图 21-5 所示。

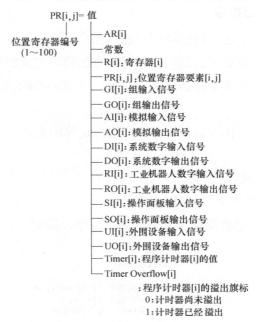

```
                    PR[i,j]= 值
                              ├─ AR[i]
     位置寄存器编号              ├─ 常数
        (1~100)                ├─ R[i]:寄存器[i]
                              ├─ PR[i,j]:位置寄存器要素[i,j]
                              ├─ GI[i]:组输入信号
                              ├─ GO[i]:组输出信号
                              ├─ AI[i]:模拟输入信号
                              ├─ AO[i]:模拟输出信号
                              ├─ DI[i]:系统数字输入信号
                              ├─ DO[i]:系统数字输出信号
                              ├─ RI[i]:工业机器人数字输入信号
                              ├─ RO[i]:工业机器人数字输出信号
                              ├─ SI[i]:操作面板输入信号
                              ├─ SO[i]:操作面板输出信号
                              ├─ UI[i]:外围设备输入信号
                              ├─ UO[i]:外围设备输出信号
                              ├─ Timer[i]:程序计时器[i]的值
                              └─ Timer Overflow[i]
                                  :程序计时器[i]的溢出旗标
                                  0:计时器尚未溢出
                                  1:计时器已经溢出
```

*计时器溢出旗标通过Timer[i]=复位的指令被清除

图　21-5

例：

1: PR[1, 2] = R[3]

2: PR[4, 3] = 324.5

2）位置寄存器要素运算指令。

PR[i,j] =（值）+（值）

PR[i,j] =（值）+（值）指令，将 2 个值的和代入位置寄存器要素。

PR[i,j] =（值）−（值）

PR[i,j] =（值）−（值）指令，将 2 个值的差代入位置寄存器要素。

PR[i,j] =（值）*（值）

PR[i,j] =（值）*（值）指令，将 2 个值的积代入位置寄存器要素。

PR[i,j] =（值）/（值）

PR[i,j] =（值）/（值）指令，将 2 个值的商代入位置寄存器要素。

PR[i,j] =（值）MOD（值）

PR[i,j] =（值）MOD（值）指令，将 2 个值的余数代入位置寄存器要素。

PR[i,j] =（值）DIV（值）

PR[i,j] =（值）DIV（值）指令，将 2 个值的商的整数值部分代入位置寄存器要素。

例：

1: PR[3, 5] = R[3] + DI[4]

2: PR[4, 3] = PR[1, 3] − 3.528

3. 码垛寄存器运算指令

码垛寄存器运算指令是进行码垛寄存器的算术运算的指令。码垛寄存器运算指令可进行代入、加法、减法运算处理，以与寄存器指令相同的方式记述。

码垛寄存器存储有码垛寄存器要素（j，k，l）。码垛寄存器在所有全程序中可以使用32 个。

码垛寄存器要素指定代入码垛寄存器或进行运算的要素。该指定有 3 类，如图 21-6 所示。

① 直接指定：直接指定数值。

② 间接指定：通过 R[i] 的值予以指定。

③ 无指定：在没有必要变更＊要素的情况下予以指定。

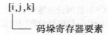

直接指定：行·列·段数(1～127)
间接指定：R[i]的值
无指定：＊表示没有变更

图 21-6

1）码垛寄存器要素赋值指令。

PL[i] =（值）

PL[i] =（值）指令，将码垛寄存器要素代入码垛寄存器，如图 21-7 所示。

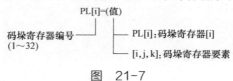

图 21-7

例：

1: PL[1] = PL[3]

2: PL[2] = [1, 2, 1]

3: PL[R[3]] = [*, R[1], 1]

2）码垛寄存器要素运算指令。

PL[i] =（值）（算符）（值）

PL[i] =（值）（算符）（值）指令，进行算术运算，将该运算结果代入码垛寄存器，如图 21-8 所示。

例：

1: PL[1] = PL[3]+[1, 2, 1]

2: PL[2] = [1, 2, 1]+[1, R[1], ＊]

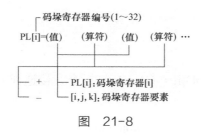

图　21-8

项目测试

填空题

（1）寄存器指令是进行寄存器的算术运算的指令。寄存器有＿＿＿＿＿＿＿＿＿＿＿、
＿＿＿＿＿＿＿＿、＿＿＿＿＿＿＿＿3种。

（2）一般寄存器指令是进行寄存器的算术运算的指令。寄存器用来存储某一整数值或
小数值的变量。标准情况下提供有＿＿＿＿个寄存器。

项目 22　FANUC 工业机器人 I/O 指令

项目描述

本项目主要讲解 FANUC 工业机器人 I/O 指令，掌握数字 I/O 指令、机器人 I/O 指令、
模拟 I/O 指令和组 I/O 指令。

项目实施

I/O（输入/输出信号）指令是改变向外围设备的输出信号状态，或读出输入信号状态
的指令。包含以下几种指令：（系统）数字 I/O 指令、机器人（数字）I/O 指令、模拟 I/O
指令和组 I/O 指令

注意：I/O 信号，在使用前需要将逻辑编号分配给物理编号。

1. 数字 I/O 指令

数字输入（DI）和数字输出（DO），是用户可以控制的输入/输出信号。

（1）R[i] = DI[i]　R[i] = DI[i]指令，将数字输入的状态（ON=1、OFF=0）存储到寄
存器中，如图 22-1 所示。

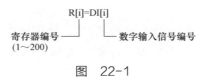

图　22-1

例：

1: R[1] = DI[1]

2: R[R[3]] = DI[R[4]]

（2）DO[i] = ON/OFF　DO[i] = ON/OFF 指令，接通或断开所指定的数字输出信号，如图 22-2 所示。

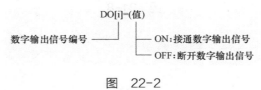

图　22-2

例：

1: DO[1] = ON

2: DO[R[3]] = OFF

（3）DO[i] =PULSE, [时间]　DO[i]=PULSE, [时间]指令，仅在所指定的时间内接通，从而输出所指定的数字输出信号。在没有指定时间的情况下，脉冲输出由$DEFPULSE（单位 0.1s）指定时间，如图 22-3 所示。

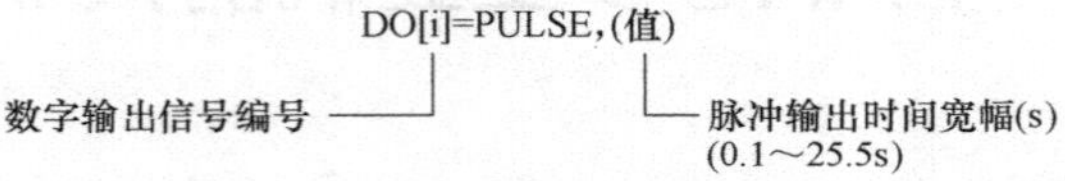

DO[i]=PULSE,(值)

数字输出信号编号 ——┘　　└—— 脉冲输出时间宽幅(s)
　　　　　　　　　　　　　　(0.1～25.5s)

图　22-3

例：

1: DO[1] = PULSE

2: DO[2] = PULSE, 0.2sec

3: DO[R[3]] = PULSE, 1.2sec

（4）DO[i]=R[i]　DO[i]=R[i]指令，根据所指定的寄存器的值，接通或断开所指定的数字输出信号。若寄存器的值为 0 就断开，若是 0 以外的值就接通，如图 22-4 所示。

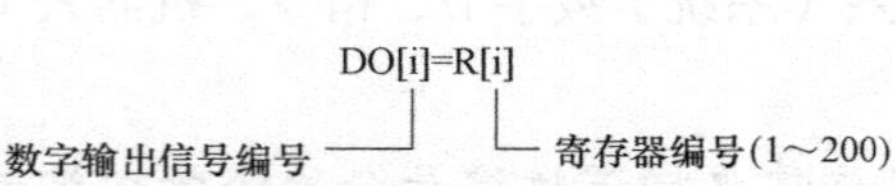

DO[i]=R[i]

数字输出信号编号 ——┘　└—— 寄存器编号(1～200)

图　22-4

例：

1: DO[1] = R[2]

2: DO[R[5]] = R[R[1]]

2. 机器人 I/O 指令

机器人输入（RI）和机器人输出（RO）信号，是用户可以控制的输入/输出信号。

（1）R[i]=RI[i]　R[i]=RI[i]指令，将工业机器人输入的状态（ON=1，OFF=0）存储到

寄存器中，如图 22-5 所示。

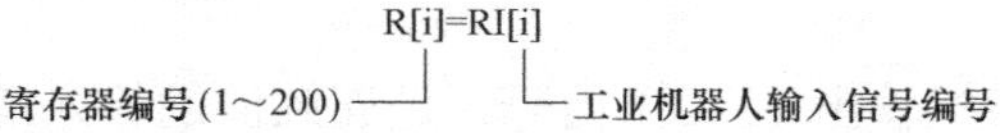

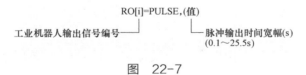

图　22-5

例：

1: R[1] = RI[1]

2: R[R[3]] = RI[R[4]]

（2）RO[i]=ON/OFF　RO[i]=ON/OFF 指令，接通或断开所指定的工业机器人数字输出信号，如图 22-6 所示。

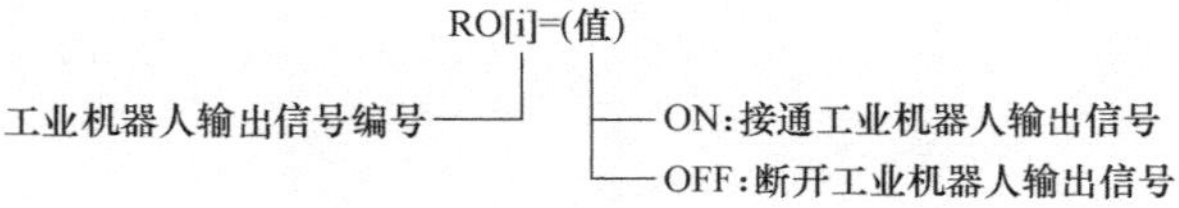

图　22-6

例：

1: RO[1] = ON

2: RO[R[3]] = OFF

（3）RO[i]=PULSE, [时间]　RO[i]=PULSE, [时间]指令，仅在所指定的时间内接通输出信号。在没有指定时间的情况下，脉冲输出由$DEFPULSE（单位 0.1s）指定时间，如图 22-7 所示。

图　22-7

例：

1: RO[1] = PULSE

2: RO[2] = PULSE, 0.2sec

3: RO[R[3]] = PULSE, 1.2sec

（4）RO[i]=R[i]　RO[i]=R[i]指令，根据所指定的寄存器的值，接通或断开所指定的数字输出信号。若寄存器的值为 0 就断开，若是 0 以外的值就接通，如图 22-8 所示。

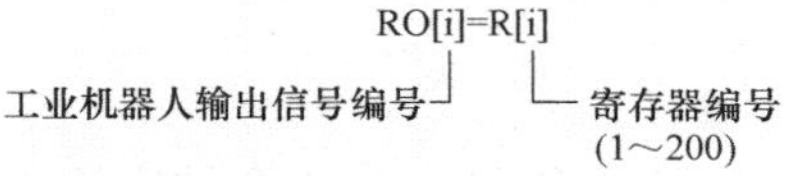

图　22-8

例：

1: RO[1] = R[2]

2: RO[R[5]] = R[R[1]]

3. 模拟 I/O 指令

模拟输入（AI）和模拟输出（AO）信号，是连续值的输入/输出信号，表示该值的大小为温度和电压之类的数据值。

（1）R[i]=AI[i]　R[i]=AI[i]指令，将模拟输入信号的值存储在寄存器中，如图 22-9 所示。

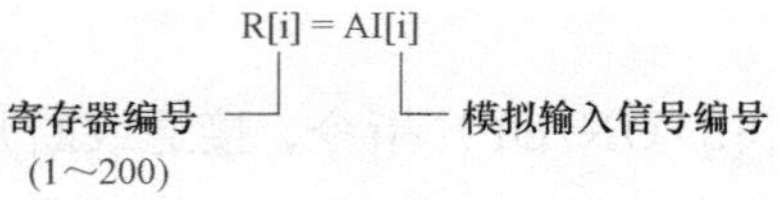

R[i] = AI[i]

寄存器编号　　　　　　　　　　模拟输入信号编号
(1～200)

图　22-9

例：

1: R[1] = AI[2]
2: R[R[3]] = AI[R[4]]

（2）AO[i]=（值）　AO[i]=（值）指令，向所指定的模拟输出信号输出值，如图 22-10 所示。

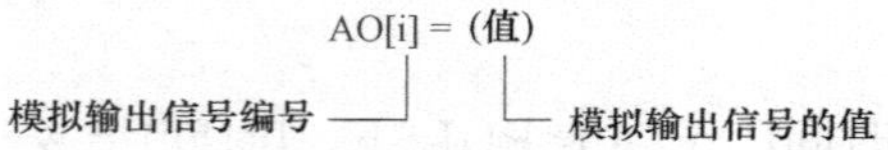

AO[i] = (值)

模拟输出信号编号　　　　　　　模拟输出信号的值

图　22-10

例：

1: AO[1] = 0
2: AO[R[3]] = 3276.7

（3）AO[i]=R[i]　AO[i]=R[i]指令，向模拟输出信号输出寄存器的值，如图 22-11 所示。

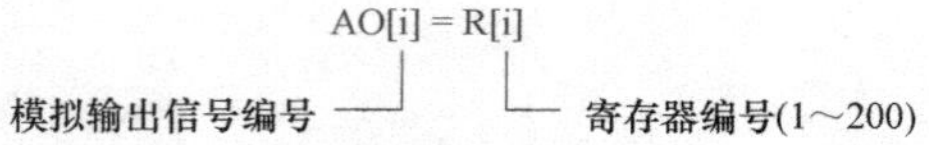

AO[i] = R[i]

模拟输出信号编号　　　　　　　寄存器编号(1～200)

图　22-11

例

1: AO[1] = R[2]
2: AO[R[5]] = R[R[1]]

4. 组 I/O 指令

组输入（GI）以及组输出（GO）信号，对几个数字输入/输出信号进行分组，以一个指令来控制这些信号。

（1）R[i]=GI[i]　R[i]=GI[i]指令，将所指定组输入信号的二进制值转换为十进制数的值代入所指定的寄存器，如图 22-12 所示。

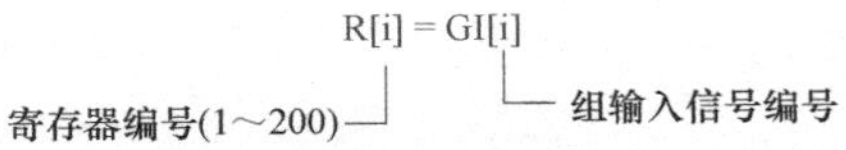

$$R[i] = GI[i]$$

寄存器编号(1～200)┘　　┗ 组输入信号编号

图　22-12

例：

1: R[1] = GI[1]

2: R[R[3]] = GI[R[4]]

（2）GO[i]=（值）　GO[i]=（值）指令，将经过二进制变换后的值输出到指定的组输出中，如图 22-13 所示。

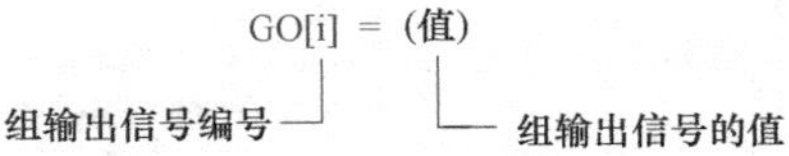

$$GO[i] = （值）$$

组输出信号编号┘　　┗ 组输出信号的值

图　22-13

例：

1: GO [1] = 0

2: GO[R[3]] = 32767

（3）GO[i]=R[i]　GO[i]=R[i]指令，将所指定寄存器的值经过二进制变换后输出到指定的组输出中，如图 22-14 所示。

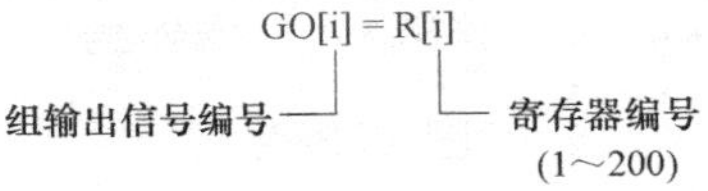

$$GO[i] = R[i]$$

组输出信号编号┘　　┗ 寄存器编号
　　　　　　　　　　（1～200）

图　22-14

例：

1: GO[1] = R[2]

2: GO[R[5]] = R[R[1]]

项目测试

写一段程序，将 D[1]的值赋值为 ON，然后将 D[1]赋值给 R[1]。

项目 23　FANUC 工业机器人分支指令

项目描述

本项目主要讲解 FANUC 工业机器人分支指令，需掌握工业机器人标签指令、程序结束指令、跳跃指令、程序调用指令、寄存器条件比较指令、I/O 条件比较指令、码垛寄存器条件比较指令。

项目实施

1. 标签指令

标签指令 LBL[i]，用来表示程序的转移目的地的指令。标签可通过标签定义指令来定义，如图 23-1 所示。

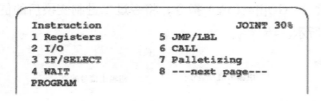

```
Instruction                    JOINT 30%
1 Registers         5 JMP/LBL
2 I/O               6 CALL
3 IF/SELECT         7 Palletizing
4 WAIT              8 ---next page---
PROGRAM
```

图　23-1

为了说明标签，还可以追加注释。标签一旦被定义，就可以在条件转移和无条件转移中使用。标签指令中的标签编号，不能进行间接指定。将光标指向标签编号后按【ENTER】键，即可输入注释，如图 23-2 所示。

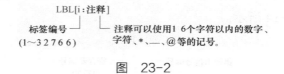

LBL[i：注释]

标签编号 ┘　└ 注释可以使用1 6个字符以内的数字、
(1～3 2 7 6 6)　　字符、*、—、@等的记号。

图　23-2

例：

1: LBL[1]

2: LBL[3:hand close]

2. 程序结束指令

（1）END　程序结束指令是用来结束程序执行的指令。可通过该指令来中断程序的执行。在已经从其他程序调用了程序的情况下，执行程序结束指令时，执行将返回调用源的程序。

（2）无条件转移指令　无条件转移指令一旦被执行，就必定会从程序的某一行转移到其他（程序的）行。

无条件转移指令有两类：

1）跳跃指令：转移到所指定的标签。

2）程序调用指令：转移到其他程序。

3. 跳跃指令

跳跃指令 JMP LBL[i]，使程序的执行转移到相同程序内所指定的标签，如图 23-3

所示。

JMP LBL[i]

└── 标签编号(1~32767)

图 23-3

例:

1: JMP LBL[2:hand open]

2: JMP LBL[R[4]]

4. 程序调用指令

（1）CALL（程序名） CALL（程序名）指令，使程序的执行转移到其他程序（子程序）的第 1 行后执行该程序。被调用的程序执行结束时，返回所调用程序（主程序）的程序调用指令后的指令。调用的程序名自动地从所打开的辅助菜单选择，或者按 F5 键"STRINGS"（字符串）后直接输入字符。如图 23-4 所示。

CALL (程序名)

└── 希望调用的程序名称

图 23-4

例:

1: CALL SUB1

2: CALL PROGRAM2

在程序调用指令中设定自变量，即可在子程序中使用该值。

（2）条件转移指令 条件转移指令可根据某一条件是否已经满足而从程序的某一场所转移到其他场所。条件转移指令有两类。

1）条件比较指令：当某一条件得到满足，就转移到所指定的标签。条件比较指令包括：寄存器比较指令、I/O 比较指令及码垛寄存器条件比较指令。

2）条件选择指令：根据寄存器的值转移到所指定的跳跃指令或子程序调用指令。

5. 寄存器条件比较指令

寄存器条件比较指令 IF R[i]（算符）（值）（处理），对寄存器的值和另外一方的值进行比较，若比较正确，就执行处理，如图 23-5 所示。

注意: 在将寄存器与实际数值进行比较的情况下，会产生内部整误差。

若以"="进行比较，有的情况下得不到正确的值。与实际数值进行比较时，以某一值相比的大小来进行比较。

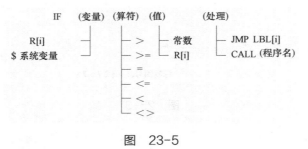

图 23-5

6. I/O 条件比较指令

（1）IF　（I/O）（算符）（值）（处理）　I/O 条件比较指令对 I/O 的值和另外一方的值进行比较，若比较正确，就执行处理，如图 23-6、图 23-7 所示。

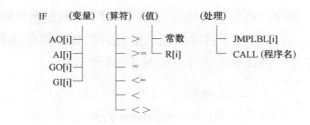

图 23-6

例：

1: IF R[1] = R[2], JMP LBL[1]
2: IF AO[2] >= 3000, CALL SUBPRO1
3: IF GI[R[2]] = 100, CALL SUBPRO2

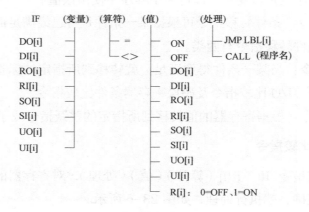

图 23-7

例：

1: IF RO[2] <> OFF, JMP LBL[1]
2: IF DI[3] = ON, CALL SUB1

条件转移指令，可以在条件语句中使用逻辑算符（AND、OR），在1行中对多个条件进行示教。由此，可以简化程序的结构，有效地进行条件判断。

（2）指令格式

1）逻辑积（AND）：

IF　　<条件1>　AND　　<条件2>　AND　　<条件3>，JMP LBL[3]

2）逻辑和（OR）：

IF　　<条件1>　OR　　<条件2>，JMP LBL[3]

在逻辑算符中组合使用 AND（逻辑积）、OR（逻辑和）时，逻辑将变得复杂，从而会损坏程序的识别性、编辑的操作性。因此，逻辑算符"AND"和"OR"不能组合使用。

在1行的指令中示教多个 AND（逻辑积）、OR（逻辑和），将其中一个从 AND 变更为 OR，或者从 OR 变更为 AND 时，其他的 AND、OR 也都被替换为变更后的算符。此时，显示如下消息。

　　TPIF-062 AND operator was replaced to OR（示教-062　已将逻辑算符 AND 替换为 OR）

　　TPIF-063 OR operator was replaced to AND（示教-063　已将逻辑算符 OR 替换为 AND）

在1行的指令内可以用 AND、OR 来连缀的条件数至多为5个。

例：IF　　<条件1> AND　　<条件2> AND<条件3> AND<条件4>AND<条件5>，JMP LBL[3]

7. 码垛寄存器条件比较指令

（1）IF PR[i]（算符）（值）（处理）　　码垛寄存器条件比较指令，对码垛寄存器的值和另外一方的码垛寄存器要素值进行比较，若比较正确，就执行处理。在各要素中输入 0 时，显示"＊"。此外，将要比较的各要素只能使用数值或余数指定。如图 23-8 和图 23-9 所示。

码垛寄存器要素是指定要与码垛寄存器的值进行比较的要素。指定方法有4种。

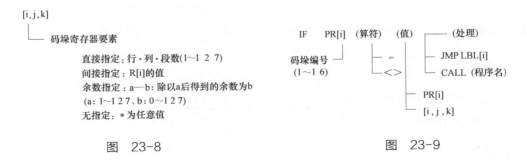

图　23-8　　　　　　　　　　　　　　　图　23-9

例：

1: IF PR[1] = R[2], JMP LBL[1]

2: IF PR[2]<>[1, 1, 2], CALL SUB1

3: IF PR[R[3]]<>[*, *, 2-0], CALL SUB1

（2）条件选择指令

```
SELECT  R[i] =（值）（处理）
             =（值）（处理）
             =（值）（处理）
         ELSE    （处理）
```

条件选择指令由多个寄存器比较指令构成。条件选择指令将寄存器的值与一个或几个值进行比较，选择比较正确的语句来执行处理。如图 23-10 所示。

1）如果寄存器的值与其中一个值一致，则执行与该值相对应的跳跃指令或者子程序调用指令。

2）如果寄存器的值与任何一个值都不一致，则执行与 ELSE（其他）相对应的跳跃指令或者子程序调用指令。

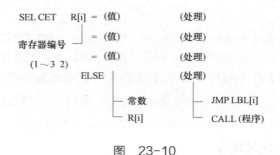

图　23-10

例：

```
1: SELECT R[1] = 1, JMP LBL[1]
2:        = 2, JMP LBL[2]
3:        = 3, JMP LBL[2]
4:        = 4, JMP LBL[2]
5:        ELSE, CALL SUB2
```

项目测试

1. 填空题

（1）无条件转移指令有两类：_____、_____。

（2）条件比较指令包括：_____、_____及_____。

2. 简答题

（1）写一段程序，判断 R[1]与 R[2]是否相等，如果相等则跳转到 LBL[1]。

（2）写一段程序，根据 R[1]的值选择相应的子程序，值为 1 时调用子程序 CX1，值为 2 时调用子程序 CX2，值为 3 时调用子程序 CX3，值为 4 时调用子程序 CX4。

项目 24 FANUC 工业机器人等待指令

项目描述

本项目主要讲解 FANUC 工业机器人等待指令，需掌握指定时间待命指令和条件待命指令。

项目实施

待命指令，可以在所指定的时间或条件得到满足之前使程序执行待命。待命指令有两类。

1）指定时间待命指令：使程序的执行在指定时间内待命。

2）条件待命指令：在指定的条件得到满足之前，使程序执行待命。

1. 指定时间待命指令

指定时间待命指令 WAIT（时间），使程序的执行在指定时间内待命（待命时间单位：s），如图 24-1 所示。

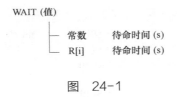

图 24-1

例：

1: WAIT
2: WAIT 10.5 sec
3: WAIT R[1]

2. 条件待命指令

（1）WAIT（条件）（处理） 条件待命指令，在指定的条件得到满足，或经过指定时间之前，使程序执行待命。超时的处理通过如下方法来指定。

1）没有任何指定时，在条件得到满足之前，程序待命。

2）Timeout, LBL[i]，若系统设定界面上的"14 WAIT timeout"中所指定的时间内条件没有得到满足，程序就向指定标签转移。

（2）寄存器条件待命指令 寄存器条件待命指令，对寄存器的值和另外一方的值进行比较，在条件得到满足之前待命，如图 24-2 所示。

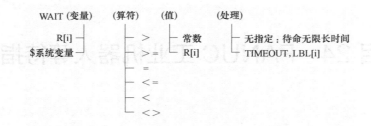

图 24-2

例:

3: WAIT R[2] <> 1, TIMEOUT, LBL[1]

4: WAIT R[R[1]]> = 200

（3）I/O 条件待命指令　I/O 条件待命指令，对 I/O 的值和另外一方的值进行比较，在条件得到满足之前待命，如图 24-3 和图 24-4 所示。

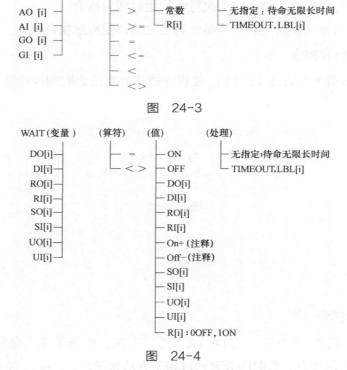

图 24-3

图 24-4

Off-：将信号的下降沿作为检测条件。因此，在信号保持断开的状态下条件就不会成立。将信号的状态从接通到断开时刻作为检测条件。

On+：将信号的上升沿作为检测条件。因此，在信号保持接通的状态下条件就不会成立。将信号的状态从断开到接通时刻作为检测条件。

例:

5: WAIT DI[2] <> OFF, TIMEOUT, LBL[1]

6: WAIT RI[R[1]] = R[1]

（4）错误条件待命指令　错误条件待命指令，在发生所设定的错误编号的报警之前待命，如图 24-5 所示。

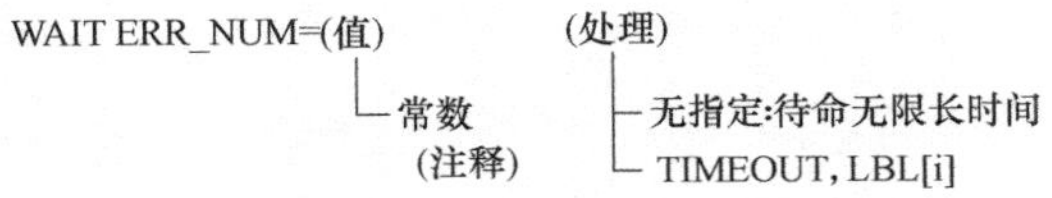

WAIT ERR_NUM=(值)　　　(处理)

└─ 常数　　　　├─ 无指定:待命无限长时间
(注释)　　　　└─ TIMEOUT, LBL[i]

图　24-5

错误编号中并排显示报警 ID 和报警编号。错误编号 = AAbbb，AA = 报警 ID，bbb = 报警编号。有关各报警的 ID 及编号，请参阅操作说明书中的报警代码表。

例：在发生 "SRVO-006 Hand broken"（伺服-006 机械手断裂）报警的情况下，伺服报警 ID 为 11，报警编号为 006，成为以下所示的情形：

错误编号 = 11006

1）条件待命指令可以在条件语句中使用逻辑算符（AND、OR），在 1 行中指定多个条件。由此，可以简化程序的结构，有效地进行条件判断。

① 逻辑积（AND）：

WAIT　　＜条件 1＞ AND　＜条件 2＞ AND　＜条件 3＞

② 逻辑和（OR）：

WAIT　　＜条件 1＞ OR　＜条件 2＞ OR　＜条件 3＞

2）在逻辑算符中组合使用 AND（逻辑积）、OR（逻辑和）时，逻辑将变得复杂，从而损坏程序的识别性、编辑的操作性。因此，逻辑算符 "AND" 和 "OR" 不能组合使用。

3）在 1 行的指令中指定多个 AND（逻辑积）、OR（逻辑和）的状态下，在将其中一个从 AND 变更为 OR，或者从 OR 变更为 AND 的情况下，其他的 AND、OR 也都被替换为变更后的算符。此时，显示如下消息。

TPIF-062 AND operator was replaced to OR（示教-062 已将逻辑算符 AND 替换为 OR）

TPIF-063 OR operator was replaced to AND（示教-063 已将逻辑算符 OR 替换为 AND）

4）在 1 行的指令内可以用 AND、OR 来连缀的条件数至多为 5 个。

例：WAIT　＜条件 1＞ AND　＜条件 2＞ AND　＜条件 3＞ AND＜条件 4＞ AND　＜条件 5＞

项目测试

1. 填空题

待命指令有两类：_____、_____。

2. 简答题

描述 WAIT DI[2] <> OFF, TIMEOUT, LBL[1]的含义。

项目 25　FANUC 工业机器人其他指令

项目描述

本项目主要讲解 FANUC 工业机器人的其他指令，需掌握坐标系指令、程序控制指令及其他指令。

项目实施

1. 坐标系指令

坐标系指令在改变工业机器人进行作业的直角坐标系设定时使用。坐标系指令有两类。

1）坐标系设定指令：改变所指定的坐标系的定义。

2）坐标系选择指令：改变当前所选的坐标系编号。

（1）坐标系设定指令　工具坐标系设定指令改变所指定的工具坐标系编号的工具坐标系设定。用户坐标系设定指令改变所指定的用户坐标系编号的用户坐标系设定。如图 25-1 所示。

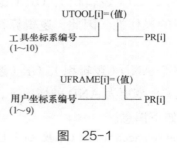

图　25-1

例：

```
1: TOOL[1] = PR[1]
2: UFRAME[3] = PR[2]
```

（2）坐标系选择指令　工具坐标系选择指令改变当前所选的工具坐标系编号。用户坐标系选择指令改变当前所选的用户坐标系编号。如图 25-2 所示。

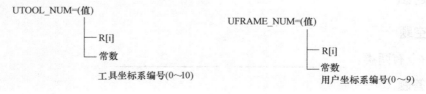

图　25-2

例：

1: UFRAME_NUM = 1

2: J P[1] 100% FINE

3: L P[2] 500mm/sec FINE

4: UFRAME_NUM = 2

5: L P[3] 500mm/sec FINE

6: L P[4] 500mm/sec FINE

2. 程序控制指令

程序控制指令是进行程序执行控制的指令，有暂停指令和强制结束指令两种。

（1）暂停指令 PAUSE　暂停指令停止程序的执行，使运动中的工业机器人减速后停止。

1）暂停指令前存在有 CNT（平顺）的运动语句的情况下，执行中的运动语句不等待运动的完成就停止。

2）光标移动到下一行。通过再启动从下一行执行程序。

3）运动中的程序计时器停止。通过程序再启动，程序计时器被激活。

4）执行脉冲输出指令时，在执行完成该指令后程序停止。

5）执行程序调用指令外的指令时，在执行完暂停指令后程序停止。程序调用指令，在程序再启动时被执行。

（2）强制结束指令 ABORT　强制结束指令结束程序执行，使运动中的工业机器人减速后停止。

1）强制结束指令前存在有 CNT 的运动语句的情况下，执行中的运动语句不等待运动的完成就停止。

2）光标停止在当前行。

3）执行完强制结束指令后，不能继续执行程序。基于程序调用指令的主程序的信息等将会丢失。

3. 其他指令

其他指令包括 RSR 指令、用户报警指令、计时器指令、倍率指令、注释指令、消息指令、参数指令、最高速度指令。

（1）RSR 指令

RSR[i] =（值）

R S R 指令对所指定的 RSR 编号的 RSR 功能的有效/无效进行切换，如图 25-3 所示。

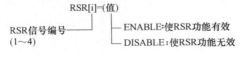

图　25-3

例： RSR[2:Workproc.2.]=ENABLE

（2）用户报警指令

UALM[i]

用户报警指令在报警显示行显示预先设定的用户报警编号的报警消息。用户报警指令使执行中的程序暂停。用户报警在用户报警设定界面上进行设定，其被登录在系统变量$UALM_MSG中。用户报警的总数，在控制启动中进行设定，如图25-4所示。

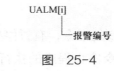

图 25-4

例：

1:UALM[1]　　($UALRM_MSG[1] = WORK NOT　FOUND)

（3）计时器指令

Timer [i] =（状态）

计时器指令，用来启动或停止程序计时器。程序计时器的运行状态可通过程序计时器界面的【STATUS·PRGTIMER】（状态/程序计时器）（选项）进行参照，如图25-5所示。

图 25-5

例：

1: TIMER [1]=START

TIMER [1]=STOP

TIMER [1]=RESET

计时器的值，可使用寄存器指令在程序中进行参照。此时，可使用寄存器指令参照计时器是否已经溢出。程序计时器超过2147483.647s（约600h）时溢出。

例：

R[1]=TIMER_OVER FLOW[1]

R[1]= 0： 计时器 [1] 尚未溢出

= 1： 计时器 [1] 已经溢出

（4）倍率指令

OVERRIDE =（值）%

倍率指令用来改变速度倍率，如图25-6所示。

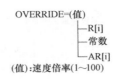

OVERRIDE=(值)
　　├─R[i]
　　├─常数
　　└─AR[i]
(值):速度倍率(1~100)

图　25-6

例： OVERRIDE = 100 %

（5）注释指令

!（注释）

注释指令用来在程序中记载注释。该注释对于程序的执行没有任何影响。注释指令可以添加包含 1~32 个字符的注释。通过按【ENTER】键即可输入注释，如图 25-7 所示。

!(注释)
　　└─注释可以使用32个字符以内的数字、字符、*、—、
　　　　@等记号

图　25-7

例： ! APPROACH POSITION

（6）消息指令

MESSAGE［消息语句］

消息指令将所指定的消息显示在用户界面上。消息可以包含 1~24 个字符（字符、数字、※、＿、@）。通过按【ENTER】键即可输入消息。

执行消息指令时，自动切换到用户界面，如图 25-8 所示。

MESSAGE[消息语名]
　　└─消息可以使用24个字符以内的数字、
　　　　字符、*、—、@

图　25-8

例：

1: MESSAGE[DI[1] NOT INPUT]

（7）参数指令

$（系统变量名）=（值）

参数指令可以改变系统变量值，或者将系统变量值读到寄存器中。通过使用该指令，即可创建考虑到系统变量的内容（值）的程序。参数指令（写入）、参数指令（读出）如图 25-9 和图 25-10 所示。

参数名不包含其开头的 "$" 最多可输入 30 个字符。

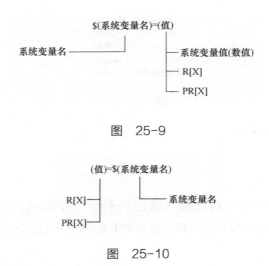

图 25-9

图 25-10

系统变量包括变量型数据和位置型数据，其中变量型的系统变量可以代入寄存器，位置型的系统变量可以代入位置寄存器。

位置型数据的系统变量作为数据类型有 3 类：直角型（XYZWPR 型）、关节型（J1～J6 型）、行列型（AONL 型）。在将位置型数据的系统变量代入位置寄存器的情况下，位置寄存器的数据类型便变换为要代入的系统变量的数据类型。

在执行将位置型的系统变量代入寄存器，或者将变量型的系统变量代入位置寄存器示教的情况下，执行时会发生如下报警。

INTP-240 Incompatible data type（执行-240 数据类型不一致）

例：

1: $SHELL_CONFIG.$JOB_BASE = 100

例：

1: R[1] = $SHELL_CONFIG.$JOB_BASE

> **注意**：工业机器人和控制装置如何动作，由系统变量进行控制。有关系统变量的变更，应针对其变更内容进行充分考虑。擅自改变系统变量会导致系统的错误运动。

示教参数指令步骤：

1）在程序编辑界面上按 F1 键，即［INST］（指令），显示如图 25-11 所示。通过菜单选择【Miscellaneous】（其他指令）项，然后通过菜单选择【Parameter name】（参数）项。

2）选择条目 2【... = $...】，如图 25-11 所示。

```
Miscellaneous  stat                              JOINT 10%
   1   $...=...              5
   2   ...=$...              6
   3                         7
   4                         8
 PNS0001
                                                      1/1
  [END]


 Select item
                                      [CHOICE]
```

图　25-11

3）选择条目 1【R[ ]】，输入寄存器编号，如图 25-12 所示。

```
Miscellaneous  stat                              JOINT 10%
   1   R[  ]                 5
   2   PR[  ]                6
   3                         7
   4                         8
 PNS0001

 1:  ...=$...
  [End]

 Select item
                                      [CHOICE]
```

图　25-12

4）按 F4 键，即【CHOICE】（选择），显示系统变量的菜单，如图 25-13 所示。按
【ENTER】键，成为字符串输入的状态。

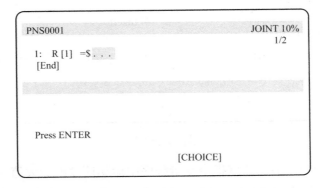

图　25-13

图 25-14 为按 F4 键，即【CHOICE】的情形。

```
Parameter menu                          JOINT 10%
    1  DEFPULSE              5
    2  WAITTMOUT             6
    3  RCVTMOUT              7
    4                        8 - - - next page - - -
PNS0001
                                              1/2

    1 :  R [1]=$ . . .
    [End]

    Select item
                              [CHOICE]
```

图　25-14

5）选择条目1【DEFPULSE】，显示如图25-15所示。

```
PNS0001                                  JOINT 10%
                                              1/2




    1:    R [1] =$DEFPULSE
     [End]

[INST]                                    [EDCMD]
```

图　25-15

按【ENTER】键的情形如图25-16所示。

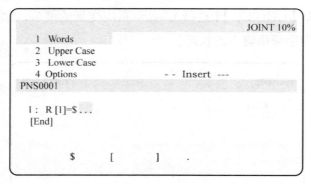

图　25-16

（8）最高速度指令　最高速度指令设定程序中运动速度的最大值。最高速度指令有：设定关节运动速度的指令和设定路径控制运动速度的指令。在指定了超过最高速度指令所设定的值的速度的情况下，按照最高速度指令所指定的值执行，如图25-17和图25-18所示。

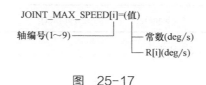

图　25-17

例：1：JOINT_MAX_SPEED[3] = R[3]

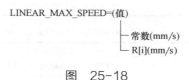

图　25-18

例：1：LINEAR_MAX_SPEED = 100

项目测试

1. 填空题

坐标系指令有两类：＿＿＿＿＿＿＿＿、＿＿＿＿＿＿＿＿＿。

2. 简述题

（1）简述 PAUSE 暂停指令的作用和功能。

（2）简述最高速度指令的作用和功能。

项目 26　FANUC 工业机器人焊接程序编写

项目描述

本项目主要讲解如何编写 FANUC 工业机器人焊接程序。应掌握弧焊命令的编写。

项目实施

弧焊命令是使工业机器人执行弧焊的开始和结束的命令。

1. 弧焊开始命令

弧焊开始命令使弧焊开始。开始弧焊后，工业机器人移动的路径成为焊接路径，继续焊接到执行弧焊结束命令为止。弧焊开始命令中有条件号码指定、条件值记述两种命令。下面示出两种弧焊开始命令的示例。

1）条件号码指定（电弧间接命令），如图 26-1 所示。

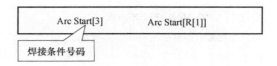

图 26-1

2）条件值记述（电弧直接命令），如图 26-2 所示。

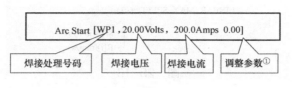

图 26-2

① 调整参数中包含"波形微调整"等指令值。

2. 弧焊结束命令

弧焊结束命令结束执行中的弧焊。结束时，为进行焊口处理，应指定焊口处理条件。焊口处理是在焊接结束时，放松指令条件而避免因电压急剧下降而导致焊口孔的一种功能。在焊口处理条件中，除了各种指令值外，还需要指定焊口处理时间。不执行焊口处理时，需要将处理时间设定为 0。弧焊结束命令也与开始命令一样有两种命令。

1）条件号码指定（电弧间接命令），如图 26-3 所示。

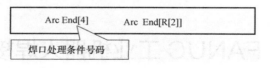

图 26-3

2）条件值记述（电弧直接命令），如图 26-4 所示。

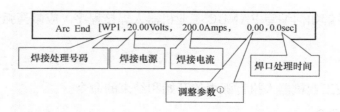

图 26-4

① 调整参数中包含 "波形微调整"等指令值。

注意： 在条件值记述的电弧命令中变更焊接处理号码（WP）时，WP 以外的值全都清零。务必在输入焊接处理号码后，输入各参数的值。

3. 弧焊的示教

（1）电弧命令示教时的注意事项

1）工业机器人移动到弧焊开始点的运动命令，使用 FINE。

2）工业机器人移动到弧焊经过点的运动命令，使用直线运动、圆弧运动或者 C 圆弧运动和 CNT。

3）工业机器人移动到弧焊结束点的运动命令，使用直线运动或者圆弧运动或者 C 圆弧运动和 FINE。

4）将焊炬方向设定为相对焊接加工工件的适当的角度。

5）使用适当的焊接条件。

（2）电弧间接命令的示教　电弧间接命令按照预先在弧焊条件界面上设定的焊接条件执行弧焊。从电弧间接命令设定时，需要指定弧焊条件号码。在弧焊条件界面上，先指定焊接处理号码，然后设定各种焊接指令值（电压、电流等）。

电弧间接命令的示教步骤：

1）按【MENUS】（界面选择）键，再按【0】，选择【DATA】（数据）。

2）按 F1【TYPE】（类型）键，选择【Weld Sched】（焊接条件），显示焊接条件一览界面。

3）将光标指向电弧间接命令要使用的号码的焊接条件，按 F2【DETAIL】（详细）键，显示焊接条件详细界面。

4）将光标指向第 2 行的【Process select】（焊接处理），输入已经分配要使用的焊接方式的焊接处理号码。输入后，在【Process select】项中显示在焊接处理界面内输入的评注（有关焊接处理和焊接方式的对应关系，通过焊接处理界面进行确认），如图 26-5 所示。

```
DATA Weld Sched

                                    1/7

1 Weld  Sched： 10  [***************]
2 Process select：1
  [Pulse            GMAW-P      #22]
  [1.2mm   steel    Ar   C02        ]
3 Voltage                  0.00  Volts
4 Current                   0.0  Amps
5 Wave control             0.00
6 Travel speed              0.0  cm/min
7 Delay  Time              0.00  sec
  Feedback Currnt           0.0  Volts
  Feedback Voltage          0.0  Amps

[ TYPE ]  SCHEDULE  ADVISE      HELP>
```

图　26-5

5）输入电压值、电流值等。各参数的最大值、最小值，因焊接方式不同而不同。

6）将要使用的焊接条件号码输入程序的电弧间接命令中，如图 26-6 所示。

```
TEST1
                                                    1/2
   2:L    P[2]    250cm/min FINE
    :    Arc Start[10]
   3:L    P[3]    80cm min
   FINE 4:    Arc End[10]
   [END]
```

图 26-6

（3）电弧直接命令的示教　电弧直接命令中，在 TP 程序内直接指定焊接处理号码、各种焊接指令值（电压、电流等）。

电弧直接命令的示教步骤：

1）在程序中示教电弧命令。将光标指向电弧命令的【[ ]】内，按 F3【VALUE】（值）键，显示电弧直接命令，如图 26-7 所示。

```
TEST1
                                             2/3

   2:L   P[1]   250cm min FINE
    :   Arc  Start[WP4 ,20.00Volts,200.0Amps,
    :   0.00]

   [END]
```

图 26-7

2）将光标指向电弧命令的第一个项目【WP】，输入焊接处理号码。

3）输入焊接处理号码后，再输入电压值、电流值等。各参数的最大值、最小值，因不同焊接方式而不同，如图 26-8 所示。

```
TEST1
                                       2/3
2:L P[1] 250cm/min FINE
 : Arc Start[WP4,20.00Volts,200.0Amps,
  : 0.00]
  [END]
```

图 26-8

注意：输入电压、电流等参数值后，变更焊接处理号码（WP）时，已输入的参数值被清零，务必在输入焊接处理号码后，输入各参数的值。

（4）电弧运动命令的示教　步骤如图 26-9 所示。

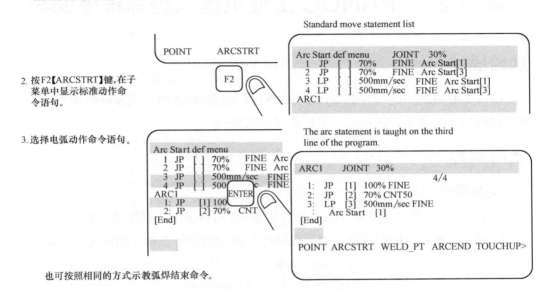

图　26-9

（5）电弧运动命令的反复示教　步骤如图 26-10 所示。

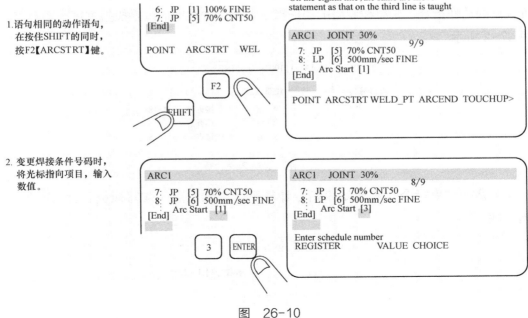

图　26-10

项目测试

实操题：编写一个弧焊的程序，焊接一条长 400mm 的 V 形焊缝。

项目 27　FANUC 工业机器人码垛程序编写

项目描述

本项目主要讲解如何编写 FANUC 工业机器人的码垛程序。应掌握码垛指令的编写，了解工业机器人码垛功能的定义，掌握码垛示教叠栈。

项目实施

1. 码垛指令

（1）叠栈指令　叠栈指令基于栈板暂存器的值，根据堆上式样计算当前堆上点的位置，并根据经路式样计算当前的路径，改写叠栈动作指令的位置数据，如图 27-1 所示。

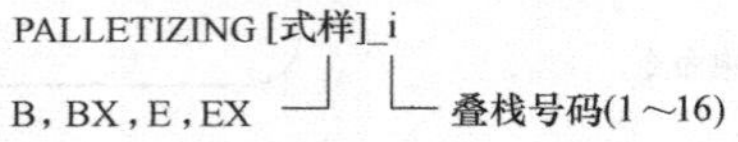

PALLETIZING [式样]_i

B，BX，E，EX ──┘　└── 叠栈号码(1～16)

图　27-1

（2）叠栈动作指令　叠栈动作指令是以使用具有接近点、堆上点、逃点的路径点作为位置数据的动作指令，是叠栈专用的动作指令。该位置数据通过叠栈指令每次都被改写，如图 27-2 所示。

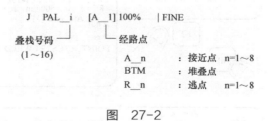

J　PAL_i　[A_1] 100%　|FINE

叠栈号码 ──┘　　　└── 经路点

(1～16)

A_n　　：接近点　n=1～8
BTM　　：堆叠点
R_n　　：逃点　　n=1～8

图　27-2

（3）叠栈结束指令　叠栈结束指令计算下一个堆上点，改写栈板暂存器的值，如图 27-3 所示。

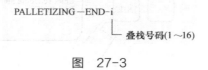

PALLETIZING—END-i

└── 叠栈号码(1～16)

图　27-3

例：

1: PALLETIZING-B_3
2: J PAL_3 [A_2] 50% CNT50
3: L PAL_3 [A_1] 100mm/sec CNT10
4: L PAL_3 [BTM] 50mm/sec FINE
5: HAND1 OPEN
6: L PAL_3 [R_1] 100mm/sec CNT10
7: J PAL_3 [R_2] 100mm/sec CNT50
8: PALLETIZING-END_3

（4）叠栈号码　叠栈号码在示教完叠栈的数据后，随同指令（叠栈指令、叠栈动作指令、叠栈结束指令）一起被自动写入。此外，在对新的叠栈进行示教时，叠栈号码将被自动更新。

（5）栈板暂存器指令　栈板暂存器指令用于叠栈的控制，如堆上点的指定、比较、分支等，如图 27-4 所示。

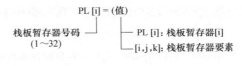

图　27-4

2. 码垛功能的定义

码垛是指只要对几个具有代表性的点进行示教，即可从下层到上层按照顺序堆上工件，如图 27-5 所示。

1）通过对堆上点的代表点进行示教，即可简单创建堆上式样。

2）通过对路经点（接近点、逃点）进行示教，即可创建经路式样。

3）通过设定多个经路式样，即可进行多种多样式样的码垛。

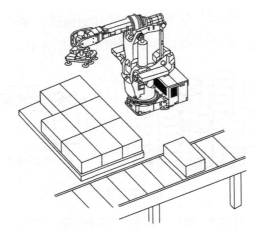

图　27-5

叠栈由以下两种式样构成，如图 27-6 所示。

1）堆上式样：确定工件的堆上方法。

2）经路式样：确定堆上工件时的路径。

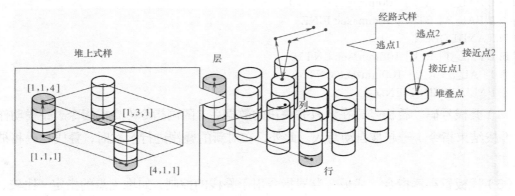

图　27-6

叠栈根据堆上式样和经路式样的设定方法不同，具有叠栈 B 和叠栈 BX、叠栈 E 和叠栈 EX 四种。

（1）叠栈 B　叠栈 B 对应所有工件姿势一定、堆上时的底面形状为直线，或者平行四边形的情形，如图 27-7 所示。

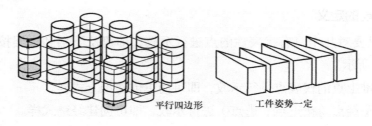

图　27-7

（2）叠栈 E　叠栈 E 对应更为复杂的堆上式样的情形，如希望改变工件姿势的情形、堆上时的底面形状不是平行四边形的情形等，如图 27-8 所示。

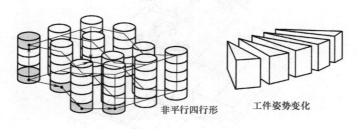

图　27-8

（3）叠栈 BX、EX　叠栈 BX、EX 可以设定多个经路式样，如图 27-9 所示。叠栈 B、E 只能设定一个经路式样。

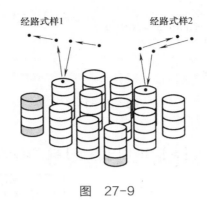

图　27-9

3. 示教叠栈

叠栈的示教，按照图 27-10 所示步骤进行。

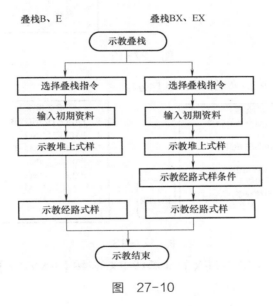

图　27-10

（1）示教步骤　叠栈的示教在叠栈编辑界面上进行。选择叠栈指令时，自动出现叠栈编辑界面。通过叠栈的示教，自动插入叠栈指令、叠栈动作指令、叠栈结束指令等所需的叠栈指令。这里就叠栈 EX 进行描述。有关叠栈 B、BX、E，假设叠栈 EX 的功能受到限制。

（2）选择叠栈指令　叠栈指令的选择，选择希望进行示教的叠栈种类（叠栈 B、BX、E、EX）。

条件：

1）示教器处在有效状态。

2）已在程序编辑界面选择叠栈指令，如图 27-11 所示。

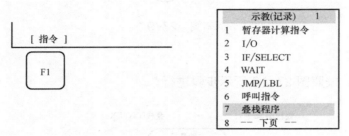

PROGRAM1

6/6

5: L P[2] 300mm/sec GNT50
[End]

教点资料   点修正   >

图 27-11

步骤:

1)按【NEXT】(下一页)、【>】,按 F1【指令】键,显示辅助菜单,如图 27-12 所示。

示教(记录)   1
1 暂存器计算指令
2 I/O
3 IF/SELECT
4 WAIT
5 JMP/LBL
6 呼叫指令
7 叠栈程序
8 —— 下页 ——

[指令]

F1

图 27-12

2)选择【7 叠栈程序】,如图 27-13 所示。

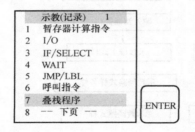
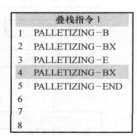

图 27-13

3)选择【4 PALLETIZING-EX】(4 叠栈 EX),按【ENTER】键,自动进入叠栈示教界面,输入叠栈初期资料,如图 27-14 所示。

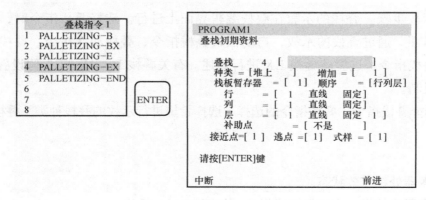

图 27-14

128

4）输入注释。步骤：

①将光标指向注释，按【ENTER】（输入）键，显示字符输入辅助菜单，如图 27-15 所示。

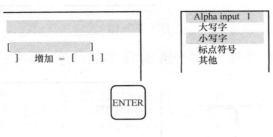

图　27-15

②通过【↑】、【↓】键来选择使用大写字、小写字、标点符号或其他。

③按适当的功能键，输入字符。

④注释输入完后，按【ENTER】键，如图 27-16 所示。

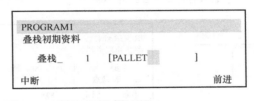

图　27-16

5）选择叠栈种类时，将光标指向相关条目，选择功能键，如图 27-17 所示。

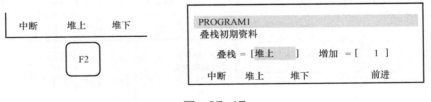

图　27-17

6）输入暂存器增加数和栈板暂存器号码时，按数值键后再按【ENTER】键，如图 27-18 所示。

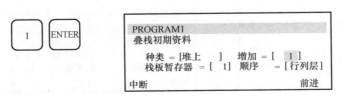

图　27-18

7）输入叠栈的顺序时，按希望设定的顺序选择功能键，如图 27-19 所示。

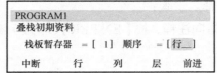

图 27-19

在选择第 2 个条目的时刻, 第 3 个条目即被自动确定, 如图 27-20 所示。

图 27-20

8）指定行、列和层数时, 按数字键后再按【ENTER】键。指定排列方法时, 将光标指向设定栏, 选择功能键菜单, 如图 27-21 所示。

图 27-21

9）按照一定间隔指定排列方法时, 将光标指向设定栏, 输入数值（间隔单位 mm）, 如图 27-22 所示。

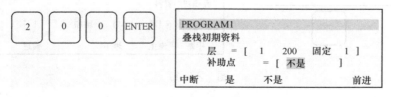

图 27-22

10）指定补助点的有无时, 将光标指向相关条目, 选择功能键菜单, 如图 27-23 所示。

图 27-23

有补助点的情况下, 还需要选择固定或分割。

11）输入接近点数和逃点数。

12）要中断初期资料的设定时，按 F1【中断】键，如图 27-24 所示。

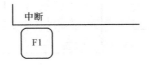

图　27-24

注意： 希望在中途中断初期资料的设定时，此前设定的值无效。

13）输入完所有数据后，按 F5【前进】键，显示下一个叠栈堆上式样示教界面，如图 27-25 所示。

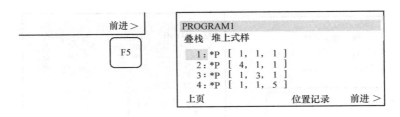

图　27-25

在进行叠栈初期资料的设定或更改，按 F5【前进】键，成为叠栈堆上式样的示教时，栈板暂存器被自动初始化。

（3）示教叠栈堆上式样

1）按照初期资料的设定，显示应该示教的堆上点，如图 27-26 所示。

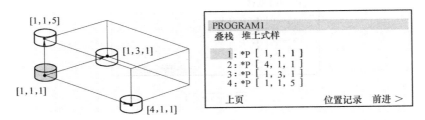

图　27-26

注意： 要记录的代表堆上点数，随初期资料输入界面上设定的行列层数而定。图 27-26 所示的界面例中，作为 4 行 3 列 5 层予以设定。顺序被作为行列层设定。

2）将工业机器人 JOG 进给到希望示教的代表堆上点。

3）将光标指向相应行，按【SHIFT】+F4【位置记录】键，当前的工业机器人位置即被记录下来，如图 27-27 所示。

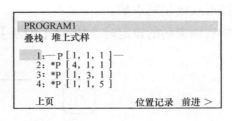

图 27-27

未示教位置显示 "＊"，已示教位置显示 "－－"标记。

4）要显示所示教的代表堆上点的位置详细数据，将光标指向堆上点号码，按F5【位置】键，显示出位置详细数据，如图27-28所示。

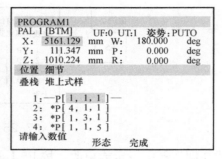

图 27-28

也可以直接输入位置数据的数值。返回时，按F4【完成】键，如图27-29所示。

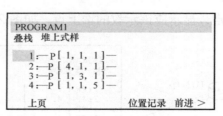

图 27-29

5）按【SHIFT】+【FWD】（前进）键（图 27-30），工业机器人移动到光标行的代表堆上点，进行示教点的确认。

6）按照相同的步骤，对所有代表堆上点进行示教。

图 27-30

7）按F1【上页】键，如图27-31所示，返回之前的初期资料示教界面。

图　27-31

8）按 F5【前进】键，如图 27-32 所示，显示下一个经路式样条件设定界面（BX、EX），或经路式样示教界面（B、E）。

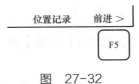

图　27-32

注意：使用层式样的情况下（E、EX），按 F5【前进】键，显示下一层的堆上式样，如图 27-33 所示。

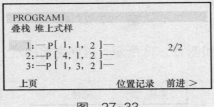

图　27-33

（4）设定叠栈经路式样条件

1）根据初期资料的式样数设定值，显示应该输入的条件条目，如图 27-34 所示。

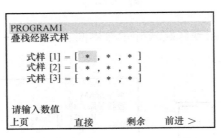

图　27-34

2）在直接指定方式下，将光标指向希望更改的点，输入数值。要指定*（星号）时，输入"0"（零），如图 27-35 所示。

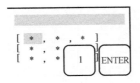 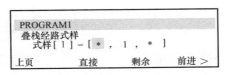

图　27-35

3）在余数指定方式下，按 F4【剩余】键，条目被分成 2 个。在该状态下输入某一个数值，如图 27-36 所示。

图　27-36

4）在直接指定方式下输入值时，按 F3【直接】键，如图 27-37 所示。

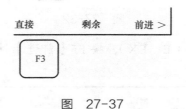

图　27-37

5）按 F1【上页】键，如图 27-38 所示，返回之前的堆上点示教界面。

图　27-38

6）按 F5【前进】键，出现经路式样示教界面，如图 27-39 所示。

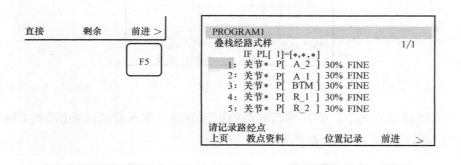

图　27-39

（5）示教叠栈经路式样

1）按照初期资料的设定显示应该示教的路径，如图 27-40 所示。

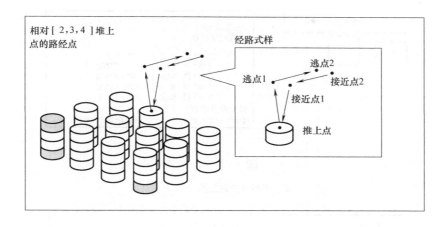

图 27-40

2）将工业机器人 JOG 进给到希望示教的路经点，如图 27-41 所示。

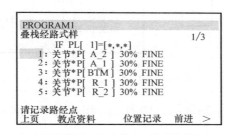

图 27-41

3）将光标指向设定区，通过如下任一操作进行位置示教。

① 按【SHIFT】+F2【教点资料】键，如图 27-42 所示。不按【SHIFT】键而只按 F2【教点资料】时，显示标准动作菜单，可设定动作类型 / 动作速度等条目（F2 键只有在进行经路式样 1 示教时显示）。

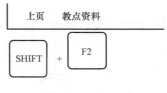

图 27-42

② 按【SHIFT】+F4【位置记录】键，如图 27-43 所示。

4）要显示所示教的路经点的位置详细数据，将光标指向路经点号码，按 F5【位置】键，显示出位置详细数据，如图 27-44 所示。

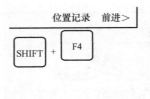

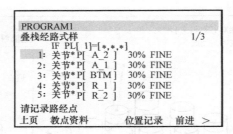

图 27-43

注：未示教位置显示"*"。

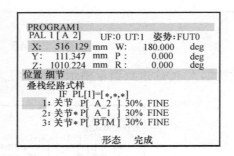

图 27-44

也可以直接输入位置数据的数值，如图 27-45 所示。返回时，按 F4【完成】键。

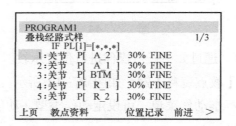

图 27-45

5）按【SHIFT】+【FWD】（前进）键，如图 27-46 时，工业机器人移动到光标行的路经点，进行示教点的确认。

图 27-46

6）按 F1【上页】键，如图 27-47 所示，返回之前的堆上式样示教界面。

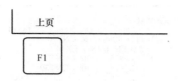

图　27-47

7）按 F5【前进】键，出现经路式样示教界面，如图 27-48 所示。只有一个经路式样的情况下，进入第 9）步。

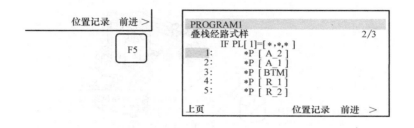

图　27-48

8）按 F1【上页】键，返回之前的经路式样。按 F5【前进】键，显示图 27-45 所示经路式样。

9）等所有经路式样的示教都结束后，按 F5【前进】键，退出叠栈编辑界面，返回程序界面。叠栈指令即被自动写入程序，如图 27-49 所示。

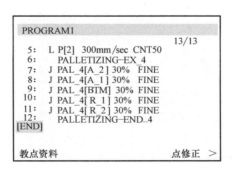

图　27-49

10）堆上位置的机械手指令、路经点的动作类型的更改等编辑，可以在程序界面上与通常的程序一样地进行，如图 27-50 所示。

（6）参考叠栈程序　按照 PALLETIZING-B 方式来执行叠栈，如图 27-51 所示。

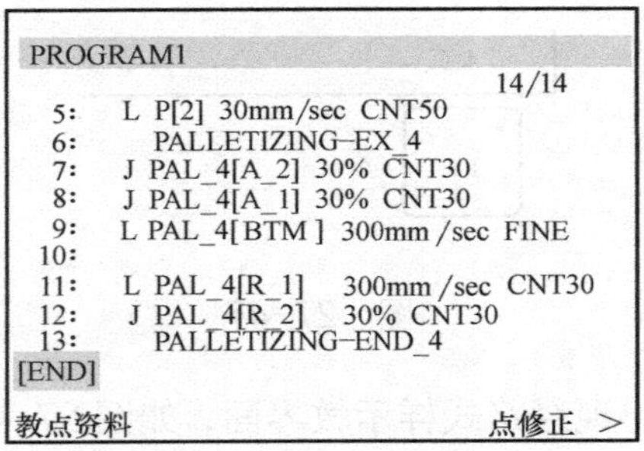

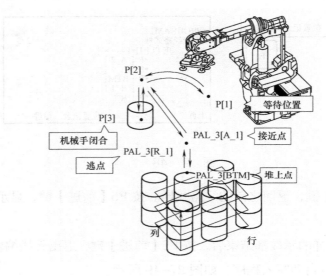

```
PROGRAM1
                                    14/14
  5:   L P[2] 30mm/sec CNT50
  6:       PALLETIZING-EX_4
  7:   J PAL_4[A_2] 30% CNT30
  8:   J PAL_4[A_1] 30% CNT30
  9:   L PAL_4[BTM ] 300mm /sec FINE
 10:
 11:   L PAL_4[R_1]    300mm /sec CNT30
 12:   J PAL_4[R_2]    30% CNT30
 13:       PALLETIZING-END_4
[END]
教点资料                        点修正   >
```

图　27-50

图　27-51

程序（图 27-52）：

1: J P[1] 100% FINE

2: J P[2] 70% CNT50

3: L P[3] 50mm/sec FINE

4: Hand Close

5: L P[2] 100mm/sec CNT50

6: PALLETIZING-B_3

7: L PAL_3[A_1] 100mm/sec CNT10

8: L PAL_3[BTM] 50mm/sec FINE

9: Hand Open

10: L P_3[R_1] 100mm/sec CNT10

11: PALLETIZING-END_3

12: J P[2] 70% CNT50

13: J P[1] 100% FINE

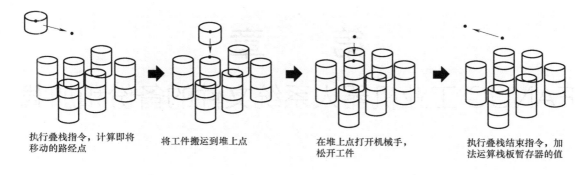

执行叠栈指令，计算即将
移动的路经点

将工件搬运到堆上点

在堆上点打开机械手，
松开工件

执行叠栈结束指令，加
法运算栈板暂存器的值

图　27-52

项目测试

实操题：编辑一个码垛程序：将四个产品码垛成正方形的形状。

第 8 章

FANUC 工业机器人系统文件的备份和加载

项目 28　FANUC 工业机器人备份文件和加载文件

项目描述

　　本项目主要讲解 FANUC 工业机器人备份文件和加载文件。认识文件的备份/加载设备，了解文件类型，掌握备份/加载方法的异同点，掌握备份/加载方法。

项目实施

1. 文件的备份/加载设备

　　R-J3iC 控制器可以使用的备份/加载设备：Memory Card（MC）、USB、PC。

　　文件是数据在工业机器人控制柜存储器内的存储单元。控制柜主要使用的文件类型及说明见表 28-1。

表　28-1

文 件 类 型	说　　明
程序文件（*.TP）	—
默认的逻辑文件（*.DF）	—
系统文件（*.SV）	用来保存系统设置
I/O 配置文件（*.IO）	用来保存 I/O 配置
数据文件（*.VR）	用来保存诸如寄存器数据

　　（1）程序文件（.TP）　程序文件被自动存储在控制器的 CMOS（SRAM）中，通过 TP 上的【SELECT】键可以显示程序文件目录。

　　一个程序文件包含的信息如图 28-1 所示。

```
Creation Date:          13-Mar-2008
Modification Date:      13-Mar-2008
Copy Source:        [                ]
Positions: FALSE   Size:       118 Byte

1  Program name:       [TEST5        ]
2  Sub Type:       [None            ]
3  Comment:        [                ]
4  Group Mask:         [1,*,*,*,*,*,*]
5  Write protect:          [OFF      ]
6  Ignore pause:           [OFF      ]
```

图 28-1

（2）默认的逻辑文件（.DF） 默认的逻辑文件包含在程序编辑界面中，各个功能键（F1～F4）所对应的默认逻辑结构的设置，见表 28-2。

表 28-2

DEF_MOTN0.DF	F1 键
DF_LOGI1.DF	F2 键
DF_LOGI2.DF	F3 键
DF_LOGI3.DF	F4 键

（3）系统文件（.SV） 见表 28-3。

表 28-3

SYSVARS.SV	用来保存坐标、参考点、关节运动范围、抱闸控制等相关变量的设置
SYSSERVO.SV	用来保存伺服参数
SYSMAST.SV	用来保存零点复归数据
SYSMACRO.SV	用来保存宏命令设置
FRAMEVAR.S	用来保存坐标参考点的设置
SYSFRAME.SV	用来保存用户坐标系和工具坐标系的设置

（4）I/O 配置文件与数据文件 见表 28-4。

表 28-4

NUNREG.VR	用来保存寄存器数据
POSREG.VR	用来保存位置寄存器数据
PALREG.VR	用来保存码垛寄存器数据
DIOCFGSV.IO	用来保存 I/O 配置数据

2. 备份 / 加载方法

文件的备份 / 加载方法，如图 28-2 所示。

1）一般模式下的 Image 备份（目前只有 R-J3iC 或 R-30iA 控制器有这个功能）。

2）控制启动模式下的 Image 备份（目前只有 R-J3iC 或 R-30iA 控制器有这个功能）。

3）Boot Monitor 模式下的 Image 备份/加载。

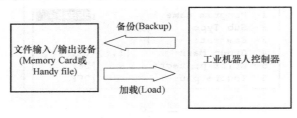

图 28-2

备份/加载方法的异同点见表 28-5。

表 28-5

备份/加载方法	备 份	加 载
一般模式下的备份/加载	文件的一种类型或全部备份（Backup） Image 备份（R-J3iC/R-30iA）	单个文件加载（Load） 注：写保护文件不能被加载；处于编辑状态的文件不能被加载；部分系统文件不能被加载
控制启动（Controlled Start）模式下的备份/加载	文件的一种类型或全部备份（Backup） Image 备份（R-J3iC/R-30iA）	单个文件加载（Load） 一种类型或全部文件夹（Restore） 注：写保护文件不能被加载；处于编辑状态的文件不能被加载
Boot Monitor 模式下的 Image 备份/加载	文件及应用系统的备份（Backup）	文件及应用系统的加载（Restore）

（1）一般模式下的备份/加载

1）备份／加载的前提条件（具体操作可按实际情况决定）：

① 选择备份/加载的设备（以选择 Memory Card 为例）。

步骤如下：

a. 依次按【MENU】（菜单）-7【FILE】（文件）-F5【UTIL】（功能），出现图 28-3 所示界面。

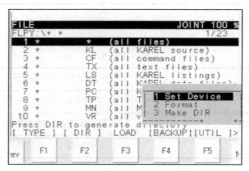

图 28-3

Set Device（设定装置）：存储设备设置　Format（格式化）：存储卡格式化　Make DIR（制作目录）：建立文件夹

b. 移动光标，选择【Set Device】（设定存储设备），如图 28-4 所示，按【ENTER】（回车）键确认。

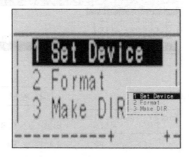

图　28-4

c. 选择存储设备类型，如 Mem Card（MC：），按【ENTER】（回车）键确认，出现图 28-5 所示界面。

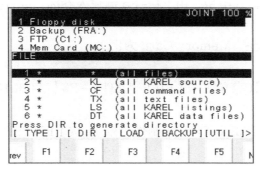

图　28-5

② 格式化存储卡（以选择 Memory Card 为例）。

步骤如下：

a. 依次按【MENU】（菜单）-7【FILE】（文件）-F5【UTIL】（功能），出现图 28-3 所示界面。

b. 移动光标，选择【Format】（格式化），按【ENTER】（回车）键确认，出现图 28-6 所示界面。

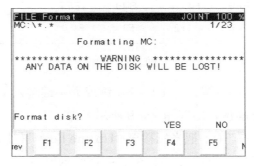

图　28-6

c. 按 F4【YES】（是）键，确认格式化，出现图 28-7 所示界面。

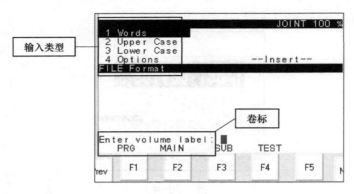

图 28-7

Enter volume label: 请输入磁片名称

d. 移动光标，选择输入类型，用 F1～F5 键输入卷标，或直接按【ENTER】（回车）键确认。

③ 建立文件夹（以选择 Memory Card 为例）。

步骤如下：

a. 依次按【MENU】（菜单）-7【FILE】文件）-F5【UTIL】（功能），出现如图 28-3 所示界面。

b. 移动光标，选择【Make DIR】（制作目录），按【ENTER】（回车）键确认，出现图 28-8 所示界面。

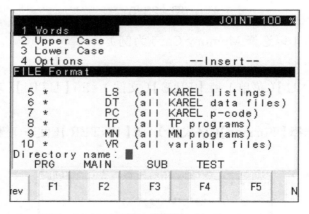

图 28-8

c. 移动光标，选择输入类型，用 F1～F5 键或数字键输入文件夹名（如 TEST1），按【ENTER】（回车）键确认，出现图 28-9 所示界面。

目前路径为 MC：\TEST1\，把光标移至 "Up one level"（上目录）行，按【ENTER】（回车）键确认，可退回前一个目录，如图 28-10 所示界面。

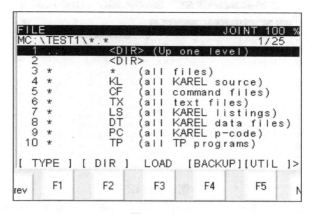

图　28-9

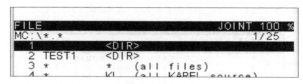

图　28-10

d. 选择文件夹名，按【ENTER】（回车）键确认，进入该文件夹。

2）一般模式下的备份。

① 依次按键操作：【MENU】（菜单）—7【FILE】（文件），显示图 28-11 所示界面。确认当前的外部存储设备（如 MC 卡）。

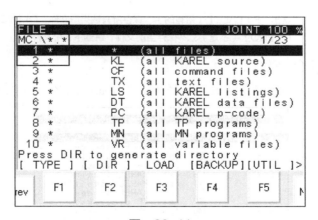

图　28-11

② 按 F4【BACKUP】（备份）键，出现图 28-12 所示选项。可以选择所需要的文件类型或全部文件进行备份，这里以选择【TP programs】（TP 程序）为例。

③ 选择【TP programs】（TP 程序），按【ENTER】（回车）键确认，显示图 28-13 所示界面。

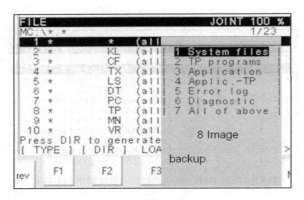

图 28-12

System files（参数文件）：系统文件　TP programs（TP 程序）：TP 程序　Application（应用）：

应用文件　Applic.-TP：TP 应用文件　Error log （异常履历）：报警文件　Diagnostic（诊断）：

诊断文件　All of above（全部的）：全部　Image backup：镜像备份（只有 R-30 i A / R-J3i C 控制柜有）

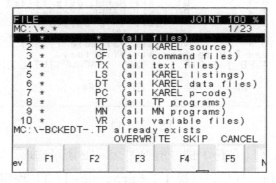

图 28-13

F2【EXIT】（结束）：退出　F3【ALL】（所有的）：保存所有该类型文件　F4【YES】（是）：确认

F5【NO】（不是）：不保存当前文件，跳到下一个文件

④ 根据需要选择合适的项。

⑤ 如果 Memory Card 中有同名文件存在，则会显示图 28-14 所示界面。

```
FILE                          JOINT 100 %
MC:\*.*                              1/23
  1  *          *    (all files)
  2  *         KL   (all KAREL source)
  3  *         CF   (all command files)
  4  *         TX   (all text files)
  5  *         LS   (all KAREL listings)
  6  *         DT   (all KAREL data files)
  7  *         PC   (all KAREL p-code)
  8  *         TP   (all TP programs)
  9  *         MN   (all MN programs)
 10  *         VR   (all variable files)
MC:\-BCKEDT-.TP already exists
                  OVERWRITE  SKIP  CANCEL
 ev   F1    F2    F3    F4    F5      M
```

图 28-14

F3【OVERWRITE】（重写）：覆盖原有文件　F4【SKIP】（忽略）：不覆盖，跳到下一个文件

F5【CANCEL】 （取消）：取消操作

146

⑥ 根据需要选择合适的项。

⑦ 备份完毕，恢复到图 28-15 所示界面。

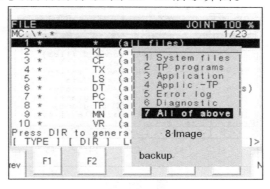

图　28-15

若要选择【7All of above】（所有的）按以下操作：

① 依次按键操作：【MENU】（菜单）—7【FILE】（文件）—F4【BACKUP】（备份）—【7All of above】（所有的），如图 28-16 所示界面。

图　28-16

② 按【ENTER】（回车）键确认，界面中出现：Delete MC：\ before backup files?（删除 MC：\之前备份文件吗？），如图 28-17 所示。

图　28-17

F4【YES】（执行）：确认　F5【NO】（取消）：取消操作

③ 按 F4【YES】(执行)键,界面中出现:Delete MC:\and backup all files? (删除 MC:\然后备份文件吗?),如图 28-18 所示。

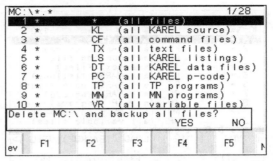

图 28-18

④ 按 F4【YES】(执行)键,删除 MC:\下的文件,并备份文件。

3)一般模式下的加载。

① 依次按键操作:【MENU】(菜单)—7【FILE】(文件),显示图 28-19 所示界面。确认当前外部存储设备(如 MC 卡)的路径。

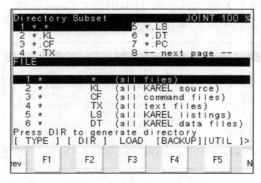

图 28-19

② 按 F2【DIR】(一览)键,显示图 28-20 所示界面。

图 28-20

③ 移动光标,在【Directory Subset】中选择查看的文件类型,选择【*.*】,显示该

目录下的所有文件。

④ 移动光标，选择要加载的文件，如图 28-21 所示。

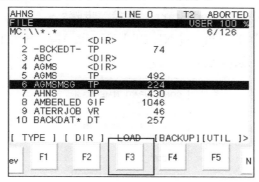

图　28-21

⑤ 按 F3【 LOAD 】(载入) 键，界面显示：Load MC：\\AGMSMSG.TP?（AGMSMSG
.TP 的文件要载入吗?），如图 28-22 所示。

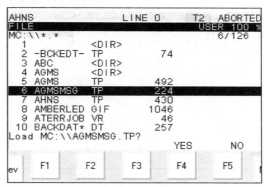

图　28-22

⑥ 按 F4【 YES 】(执行) 键，进行加载。加载完毕，界面显示：Loaded MC：
\\AGMSMSG.TP（AGMSMSG.TP 载入完成），如图 28-23 所示。

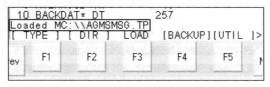

图　28-23

若控制器 RAM 中有同名文件存在，则会显示图 28-24 所示界面。

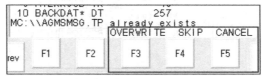

图　28-24

149

⑦ 选择适应的项，加载完毕显示图 28-23 所示界面。

（2）控制启动（Controlled Start）模式下的备份/加载

1）进入控制启动（Controlled Start）模式。步骤：

① 开机，按【PREV】（前一页）+【NEXT】（下一页）键，直到出现 CONFIGURATION MENU 菜单才可以松开，如图 28-25 所示。

图 28-25

② 用数字键输入 3，选择【CONTROLLED START】，按【ENTER】（回车）键确认，进入 CONTROLLED START 模式，如图 28-26 所示。

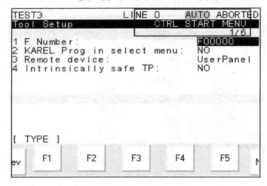

图 28-26

2）控制启动模式下的备份。

① 依次按键选择【MENU】（菜单）—5【File】（文件），出现图 28-27 所示界面。

② 依次按键选择【FCTN】（功能）—2【RESTORE/BACKUP】（恢复/备份）进行切换，使 F4 键由【RESTOR】（恢复）变为【BACKUP】（备份），如图 28-27 和图 28-28 所示。

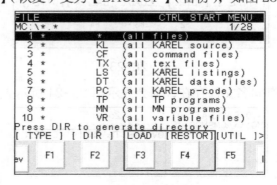

图 28-27

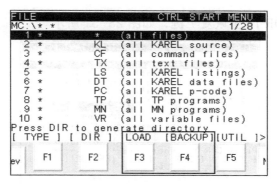

图 28-28

> **注意：** 备份（BACKUP）、载入（LOAD）、存储设备选择、存储设备格式化、建立文件夹等操作和一般模式下的操作方法完全相同，请参阅一般模式下的操作步骤。

3）控制启动模式下的加载（Restore）。步骤：

① 依次按键选择【MENU】（菜单）-5【File】（文件），出现图 28-29 所示界面。

② 若 F4 键为【BACKUP】（备份），则依次按键【FCTN】（功能）-2【RESTORE/BACKUP】（恢复/备份）进行切换，使 F4 键由【BACKUP】（备份）变为【RESTOR】（恢复），如图 28-29 和图 28-30 所示。

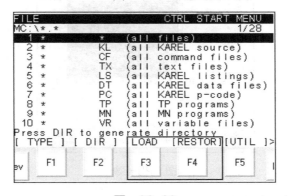

图 28-29

图 28-30

151

③ 按 F4【RESTOR】（全恢复）键，如图 28-31 所示。

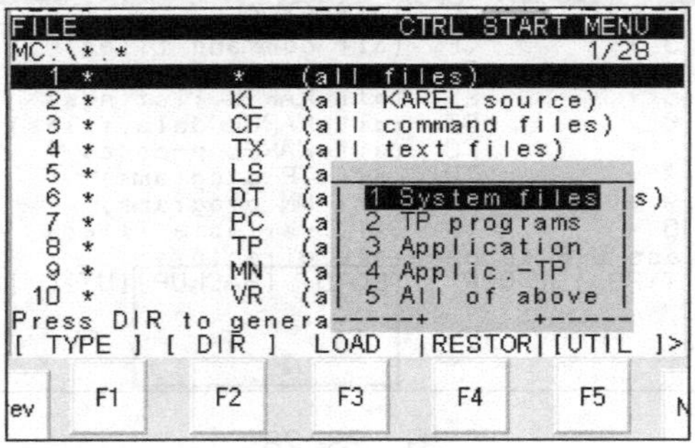

图 28-31

④ 移动光标，选择需要加载的某种文件类型。

⑤ 按【ENTER】(回车)键确认，界面显示：Restore from Memory card(OVRWRT)?（所有的文件从 F-ROM 文件载入吗?），如图 28-32 所示。

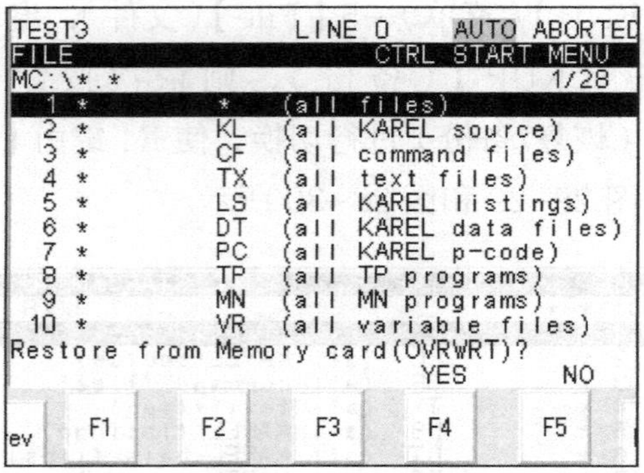

图 28-32

⑥ 恢复完毕，依次按键选择【FCTN】（功能）—1【START（COLD）】（冷开机）进入一般模式，工业机器人可以正常操作，如图 28-33 所示。

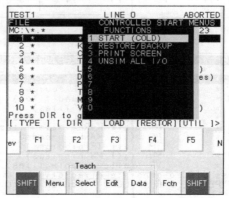

图 28-33

注意： 以下文件不能被加载。

① 写保护，如图 28-34 所示。

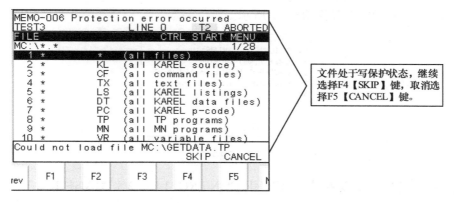

图　28-34

② 在一般模式下处于编辑状态的文件，如图 28-35 所示。

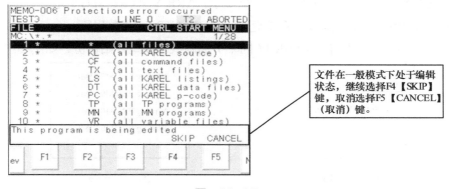

图　28-35

（3）Boot Monitor 模式下的 Image 备份/加载

1）进入 Boot Monitor 模式。步骤：

① 开机，按 F1+F5 键，直到出现 BMON MENU 菜单，如图 28-36 所示。

图　28-36

② 用数字键输入 4，选择【CONTROLLER BACKUP/RESTORE】。

③ 按【ENTER】（回车）键确认，进入 BACKUP/RESTORE MENU 界面，如图 28-37 所示。

153

2）Boot Monitor 模式下的备份（Image Backup）。步骤：

① 进入 Image 模式，如图 28-37 所示。

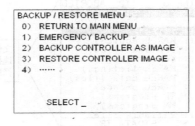

```
BACKUP / RESTORE MENU
  0)  RETURN TO MAIN MENU
  1)  EMERGENCY BACKUP
  2)  BACKUP CONTROLLER AS IMAGE
  3)  RESTORE CONTROLLER IMAGE
  4)  ......

      SELECT _
```

图 28-37

② 用数字键输入 2，选择【BACKUP CONTROLLER AS IMAGE】。

③ 按【ENTER】（回车）键确认，进入 DEVICE SELECTION 界面，如图 28-38 所示。

④ 用数字键输入 1，选择【MEMORY CARD】。

⑤ 按【ENTER】（回车）键确认，系统显示：ARE YOU READY?【Y=1/N=ELSE】，输入 1，备份继续；输入其他值，系统返回 BMON MENU 菜单界面。

⑥ 用数字键输入 1，按【ENTER】（回车）键确认，系统开始备份，如图 28-39 所示。

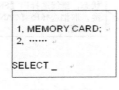

```
1, MEMORY CARD;
2, ......

SELECT _
```

图 28-38

```
Writing FROM00.IMG
Writing FROM01.IMG
Writing FROM02.IMG
Writing FROM03.IMG
      ...
```

图 28-39

备份完毕，显示 PRESS ENTER TO RETURN（按【ENTER】（回车）键返回）。

⑦ 按【ENTER】（回车）键，进入 BMON MENU 菜单界面。

⑧ 关机重启，进入一般模式界面。

3）Boot Monitor 模式下的加载（Image Restore）。步骤：

① 进入 Image 模式，如图 28-37 所示。

② 用数字键输入 3，选择【RESTORE CONTROLLER IMAGE】。

③ 按【ENTER】（回车）键确认，进入 DEVICE SELECTION 界面，如图 28-38 所示。

④ 用数字键输入 1，选择【MEMORY CARD】。

⑤ 按【ENTER】（回车）键确认，系统显示：ARE YOU READY?【Y=1/N=ELSE】，输入 1，备份继续；输入其他值，系统返回 BMON MENU 菜单界面。

⑥ 用数字键输入 1，按【ENTER】（回车）键确认，系统开始加载，如图 28-40 所示。

加载完毕，显示 PRESS ENTER TO RETURN（按【ENTER】（回车）键返回）。

⑦ 按【ENTER】（回车）键，进入 BMON MENU 菜单界面。

```
Checking FROM00.IMG      Done

Clearing FROM                    Done

Clearing SRAM                    Done

Reading FROM00.IMG  1/34(1M)

Reading FROM01.IMG  2/34(1M)
```

在外部存储设备上查找 FROM00.IMG，找到后清空FROM、SRAM，再将外部存储设备上的数据加载到控制器。

图　28-40

⑧ 关机重启，进入一般操作界面。

注意：Image 模式的备份文件是 1MB 的压缩文件，且备份/加载时只能在根目录下进行。因此，如果没有 PC 配合，一张 MC 卡或 U 盘只能 Image 备份/加载一台机器！

在 Image 加载过程中，不允许断电！

项目测试

实操题：操作演示 FANUC 工业机器人的备份和加载文件。

第 9 章

FANUC 工业机器人保养

项目 29　FANUC 工业机器人零点复归（Mastering）

项目描述

本项目主要讲解 FANUC 工业机器人的零点复归。掌握怎样设置工业机器人零点和处理相关报警。

项目实施

1. 零点复归（Mastering）简介

工业机器人零点复归时需要将工业机器人的机械信息与位置信息同步，以便定义工业机器人的物理位置。

工业机器人通过闭环伺服系统来控制本体各运动轴。控制器输出控制命令来驱动每一个发动机。装配在发动机上的反馈装置——串行脉冲编码器（SPC），将把信号反馈给控制器。在工业机器人操作过程中，控制器不断地分析反馈信号，修改命令信号，从而在整个过程中一直保持正确的位置和速度。

控制器必须"知晓"每个轴的位置，以使工业机器人能够准确地按原定位置移动。它是通过比较操作过程中读取的串行脉冲编码器的信号与工业机器人上已知的机械参考点信号的不同来实现的。零点复归记录了已知机械参考点的串行脉冲编码器的读数。这些零点复归数据与其他用户数据一起保存在控制器存储卡中。当控制器正常断电，每个串行脉冲编码器的当前数据将保留在脉冲编码器中，由工业机器人上的后备电池供电维持（对 P 系列 FANUC 工业机器人来说，后备电池可能位于控制器上）。当控制器重新通电时，控制器将请求从脉冲编码器读取数据。当控制器收到脉冲编码器的读取数据时，伺服系统才可以正确操作。这一过程称为校准过程。校准在每次控制器开启时自动进行。

如果在控制器断电时，断开了脉冲编码器的后备电池电源，则通电时校准操作将失败，工业机器人唯一可能做的动作只有关节模式的手动操作。要恢复正确的操作，必须对工业机器人进行重新零点复归与校准。

一般零点复归的数据出厂时就设置好了。所以，在正常情况下，没有必要做零点复归。但是只要发生以下情况之一，就必须执行零点复归。

1）工业机器人执行一个初始化启动。

2）SRAM（CMOS）备份电池的电压下降导致零点复归数据丢失。

3）SPC 备份电池的电压下降导致 SPC 脉冲记数丢失。

4）在关机状态下卸下工业机器人底座电池盒盖子。

5）更换发动机。

6）工业机器人的机械部分因为撞击导致脉冲记数不能指示轴的角度。

7）编码器电源线断开。

8）更换 SPC。

9）机械拆卸。

警告：如果校准操作失败，则该轴的软限位将被忽略，工业机器人的移动可能超出正常范围。所以在未校准的条件下移动工业机器人需要特别小心，否则可能造成人身伤害或者设备损坏。

注意：① 工业机器人的数据包括零点复归数据和脉冲编码器数据，分别由各自的电池保存。如果电池没电，数据将丢失。为了防止这种情况发生，两种电池都要定期更换，当电池电压不足时，将有警告提醒用户更换电池。

② 如有必要，为工业机器人换上四节新的 1.5V D 型碱性电池。注意电池盒上的箭头方向，以正确方向安装电池。

③ 若更换电池不及时或其他原因，而出现"SRVO-062 BZAL"或者"SRVO-038 SVAL2 Pulse mismatch（Group: i Axis: j）"报警时，需要重新做零点复归。

2. 零点复归的方法

零点复归的方法及解释见表 29-1。

表 29-1

零点复归的方法	解　释
专门夹具核对 （Jig Mastering）	出厂时设置，需卸下工业机器人上的所有负载，用专门的校正工具完成
零度点核对 （Mastering at the Zero-Degree Positions）	由于机械拆卸或维修导致工业机器人零点复归数据丢失，需要将六轴同时点动到 0 位置，且由于靠肉眼观察 0 刻度线，误差相对大一点
单轴核对 （Single Axis Mastering）	由于单个坐标轴的机械拆卸或维修（通常是更换发动机引起）
快速核对 （Quick Mastering）	由于电气或软件问题导致丢失零点复归数据，恢复已经存入的零点复归数据作为快速示教调试基准。若由于机械拆卸或维修导致工业机器人零点复归数据丢失，则不能采取此法 条件：在工业机器人正常时设置零点复归数据

方法一：ZERO POSITION MASTER（零度点核对）

步骤：

1）进入 Master/Cal（零度点调整）界面，如图 29-1 所示。

2）示教工业机器人的每根轴到 0 位置，如图 29-2 所示的姿态。

3）选择【2 ZERO POSITION MASTER】（零度点核对），按【ENTER】（回车）键确认，如图 29-1 所示。

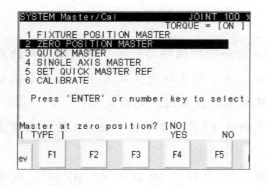

图 29-1

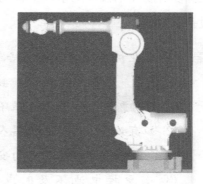

图 29-2

4）按 F4【YES】（是）键确认。

5）选【6 CALIBRATE】（校准），按【ENTER】（回车）键确认，如图 29-3 所示。

6）按 F4 键，即【YES】（是）确认，如图 29-4 所示。

7）按 F5【DONE】（完成）键，隐藏 Master/Cal（零度点调整）界面。

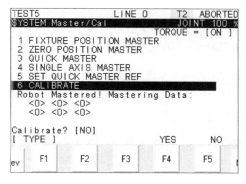

图　29-3

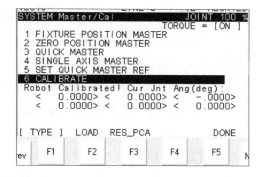

图　29-4

方法二：SINGLE AXIS MASTER（单轴核对）

步骤：

1）进入 Master/Cal（零度点调整）界面，如图 29-5 所示。

2）选【4 SINGLE AXIS MASTER】（单轴核对），按【ENTER】（回车）键确认，进入 SINGLE AXIS MASTER（单轴核对）界面，如图 29-6 所示。

3）将报警轴（即需要零点复归的轴）的【SEL】（选择）项改为 1。

4）示教工业机器人的报警轴到 0。

5）在报警轴的【MSTR POS】（零度点位置）项输入轴的数。

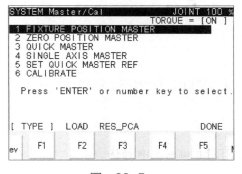

图　29-5

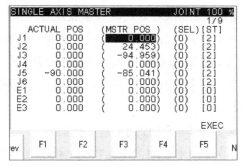

图　29-6

6）按 F5【EXEC】（执行）键，则相应的【SEL】（选择）项由 1 变成 0，【ST】（状态）项由 0 变成 2。

7）按【PREV】（前一页）键，退回 Master/Cal（零度点调整）界面。

8）选【6 CALIBRATE】（校准），按【ENTER】（回车）键确认。

9）按 F4 键，即【YES】（是）确定，则已被零点复归的轴的对应项值为 0。

10）按 F5【DONE】（完成）键，隐藏 Master/Cal（零度点调整）界面。

注： 若对 J3 轴做 SINGLE AXIS MASTER（单轴核对），则需要先将 J2 轴示教到 0 位置。

方法三：QUICK MASTER（快速核对）

（1）设定快速核对参考点（Setting Mastering Data） 在工业机器人正常使用时（即无任何报警），设置零点复归参考点数据。

1）进入 Master/Cal（零度点调整）界面。

2）将工业机器人调整到 Master Ref（核对参考点）位置。

3）选【5 SET QUICK MASTER REF】（快速核对设定参考点），按【ENTER】键确认，如图 29-7 所示。

4）按 F4【YES】（是）键，确认设置快速核对方式。

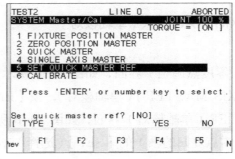

图 29-7

（2）快速核对（Quick Mastering） 当工业机器人由于电气或软件故障而丢失零点后，可以使用快速核对方式设置零点复归。

1）进入【Master/Cal】（零度点调整）界面。

2）示教工业机器人到 Master Ref 位置。

3）选【3 QUICK MASTER】（快速核对），按【ENTER】（回车）键确认，如图 29-8 所示。

4）按 F4【YES】（是）键确认。

5）选【6 CALIBRATE】（校准），按【ENTER】（回车）键确认。

6）按 F4【YES】（是）键确定。

7）按 F5【DONE】（完成）键，隐藏 Master/Cal（零度点调整）界面。

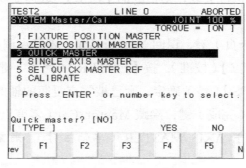

图 29-8

> **注意：**工业机器人安装完以后，先设定参考点，以备将来需要设置之用。步骤（Setting mastering data）和（Quick mastering）之间不能做过其他方式的零点复归。

3. 相关故障的消除

消除 SRVO－062 报警，使工业机器人正常运作的三步曲：

1）消除 SRVO－062 报警。

2）消除 SRVO－075 报警。

3）根据实际情况，选择合适的方式进行零点复归。

消除 SRVO－038 报警，使工业机器人正常运作的两步曲：

1）消除 SRVO－038 报警。

2）通过改参数进行零点复归；或根据实际情况，选择合适的方式进行零点复归。

（1）消除 SRVO－062 报警 SRVO—062 SVAL2 BZAL alarm（Group：i Axis：j）脉冲编码器数据丢失报警。

> **注意：**发生 SRVO—062 报警时，工业机器人完全不能动。

步骤：

1）进入 Master/Cal （零度点调整）界面。

2）依次按键操作：【MENU】（菜单）－0【NEXT】（下一个）－【System】（系统设定）－F1【Type】（类型）－【Master/Cal】（零度点调整），如图 29-9 所示。

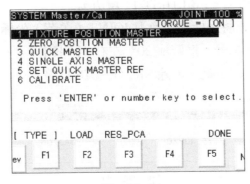

图 29-9

3）在 Master/Cal（零度点调整）界面内按 F3【RES_PCA】（脉冲置零）键后出现如图 29-10 所示提示 Reset pulse coder alarm？（重置脉冲编码器报警？）。

4）按 F4【YES】（是）键，消除脉冲编码器报警。

5）关机。

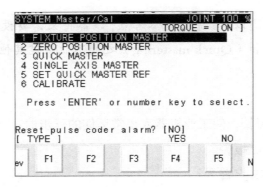

图 29-10

<blockquote>
注意：若步骤 2）中无【Master/Cal】（零度点调整）项，则按以下步骤操作：

1）依次按键操作：【MENU】（菜单）-0【NEXT】（下一个）-【System】（系统设定）-F1【Type】（类型）-【Variables】（系统参数）。

2）将变量 $MASTER_ENB 的值改为 1。

3）依次按键操作：【MENU】-0【NEXT】（下个）-【System】（系统设定）-F1【Type】（类型），会出现【Master/Cal】（零度点调整）项。
</blockquote>

（2）消除 SRVO – 075 报警　SRVO-075 WARN Pulse not established（Group：i Axis：j）脉冲编码器无法计数报警。

<blockquote>
注意：发生 SRVO—075 报警时，工业机器人完全在关节坐标系下单关节运动。
</blockquote>

步骤：

1）开机，出现 SRVO—075 报警，若界面上无此报警，依次按键：【MENU】（菜单）-4【ALARM】（异常履历）-F3【HIST】（履历）。

2）按【COORD】键，将坐标系切换为 JOINT（关节）坐标，如图 29-11 所示。

3）使用 TP 点动工业机器人报警轴 20° 左右（【SHIFT】+运动键）。

4）按【RESET】（复位）键，消除 SRVO—075 报警。

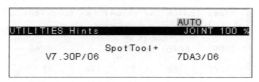

图 29-11

5）选择合适的方式进行零点复归。

（3）消除 SRVO – 038 报警　SRVO—038 SVAL2 Pulse mismatch（Group: i Axis: j）脉冲编码器数据不匹配。

<blockquote>
注意：发生 SRVO—038 报警时，工业机器人完全不能动。
</blockquote>

步骤：

1）进入 Master/Cal（零度点调整）界面。

2）依次按键操作：【MENU】（菜单）-0【NEXT】（下一个）-【System】（系统设定）-F1【Type】（类型）-【Master/Cal】（零度点调整），如图 29-12 所示。

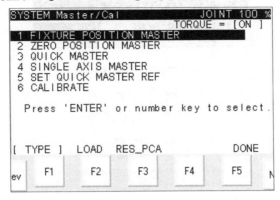

图　29-12

3）在 Master/Cal（零度点调整）界面内，按 F3【RES_PCA】（脉冲置零）键，出现图 29-13 所示界面，显示 Reset pulse coder alarm?（重置脉冲编码器报警?）。

4）按 F4【YES】（是）键，消除脉冲编码器报警。

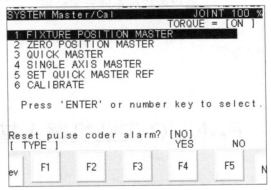

图　29-13

（4）改参数　步骤：

1）依次按键操作：【MENU】（菜单）-0【NEXT】（下一个）-【System】（系统设定）-F1【Type】（类型）-【Variables】（系统参数）-$DMR_GRP，如图 29-14 所示。

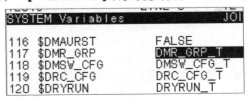

图　29-14

2）按两次【ENTER】（回车）键确认，如图 29-15 所示。

3）在图 29-15 中将变量$MASTER_DONE 通过按 F4【TRUE】（有效）键从 FALSE（无效）改为 TRUE（有效）。

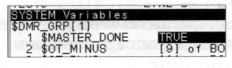

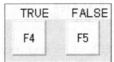

图　29-15

项目测试

1. 填空题

（1）零点复归工业机器人时需要将工业机器人的_____与_____同步，以便定义机器人的物理位置。

（2）工业机器人通过_____系统来控制本体各运动轴。

2. 实操题

操作消除 SRVO - 062 报警。

项目 30　FANUC 工业机器人基本保养

项目描述

本项目主要讲解 FANUC 工业机器人的基本保养。掌握怎样更换工业机器人电池和更换工业机器人润滑油。

项目实施

定期保养工业机器人可以延长工业机器人的使用寿命。FANUC 工业机器人的保养周期可以分为日常、三个月、六个月、一年和三年。具体保养内容见表 30-1。

表 30-1

保养周期	检查和保养内容	备注
日常	1. 不正常的噪声和振动，电动机温度	
	2. 周边设备是否可以正常工作	
	3. 每根轴的抱闸是否正常	有些型号工业机器人只有J2、J3抱闸
三个月	1. 控制部分的电缆	
	2. 控制器的通风	
	3. 连接机械本体的电缆	
	4. 接插件的固定状况是否良好	
	5. 拧紧工业机器上的盖板和各种附加件	
	6. 清除工业机器上的灰尘和杂物	
六个月	更换平衡块轴承的润滑油，其他参见三个月保养内容	某些型号工业机器人不需要，具体见随机的机械保养手册
一年	更换工业机器人本体上的电池，其他参见六个月保养内容	
三年	更换工业机器人减速器的润滑油，其他参见一年保养内容	

1. 更换控制器主板上的电池

程序和系统变量存储在主板的 SRAM 中，由一节位于主板上的锂电池供电，以保存数据。当电池的电压不足时，则会在 TP 上显示报警"SYST-035 Low or No Battery Power in PSU"。当电池的电压变得更低时，SRAM 中的内容将不能备份，这时需要更换旧电池，并将原先备份的数据重新加载。因此，平时注意用 Memory Card 或软盘定期备份数据。

（1）控制器主板上的电池两年换一次　具体步骤如下：

1）准备一节新的 3V 锂电池（推荐使用 FANUC 原装电池）。

2）工业机器人通电开机正常后，等待 30s。

3）工业机器人断电，打开控制柜，拔下接头，取下主板上的旧电池。

4）装上新电池，插好接头，如图 30-1 所示。

（2)更换工业机器人本体上的电池　工业机器人本体上的电池用来保存每根轴编码器的数据。因此电池需要每年都更换，在电池电压下降报警"SRVO-065 BLAL alarm "Group：%dAxis：%d""出现时，允许用户更换电池。若不及时更换，则会出现报警"SRVO-062 BZAL alarm（Group：%dAxis：%d）"，此时工业机器人将不能动作。遇到这种情况再更换电池，还需要做零点复归才能使工业机器人正常运行。

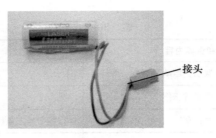

图 30-1

具体步骤如下：

1）保持工业机器人电源开启，按急停按钮。

2）打开电池盒的盖子，拿出旧电池。

3）换上新电池（推荐使用 FANUC 原装电池），注意不要装错正负极（电池盒的盖子上有标识）。

4）盖好电池盒的盖子，上好螺钉，如图 30-2、图 30-3 所示。

图 30-2   图 30-3

2．更换润滑油

工业机器人每工作三年或工作 10000h，需要更换 J1、J2、J3、J4、J5、J6 轴减速器润滑油和 J4 轴齿轮盒的润滑油。某些型号机器人如 S-430、R-2000 等每半年或工作1920h 还需更换平衡块轴承的润滑油。

（1）更换减速器和齿轮盒润滑油具体步骤如下：

1）工业机器人断电。

2）拔掉出油口塞子。

3）从加油嘴处加入润滑油，直到出油口处有新的润滑油流出时，停止加油。

4）让工业机器人被加油的轴反复转动，动作一段时间，直到没有油从出油口处流出。

5）把出油口的塞子重新装好。出油口如图 30-4、图 30-5 所示。

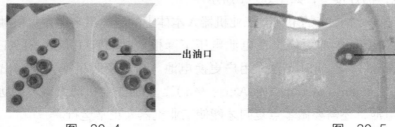

图 30-4   图 30-5

错误的操作将会导致密封圈损坏。为避免发生错误，操作人员应考虑以下几点：

1）更换润滑油之前，将出油口塞子拔掉。

2）使用手动油枪缓慢加入。

3）避免使用工厂提供的压缩空气作为油枪的动力源，如果非要不可，压力必须控制在 7.59MPa 以内。

4）必须使用规定的润滑油，其他润滑油会损坏减速器。

5）更换完成，确认没有润滑油从出油口流出后，将出油口塞子装好。

6）为了防止滑倒事故的发生，将工业机器人和地板上的油迹彻底清除干净。

（2）更换平衡块轴承润滑油　操作步骤：直接从加油嘴处加入润滑油，每次无须太多（约 10mL），如图 30-6 所示。

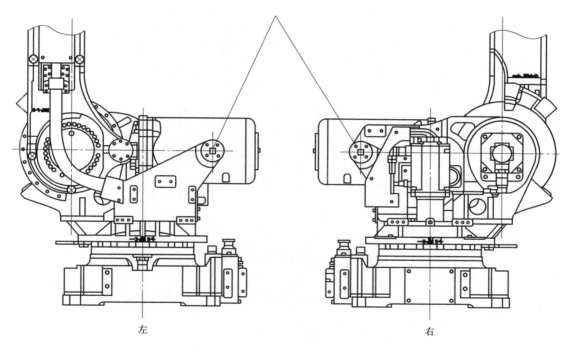

左　　　　　　　　　　　　　右

图　30-6

项目测试

1. 填空题

定期保养工业机器人可以延长工业机器人的使用寿命，FANUC 工业机器人的保养周期可以分为日常，三个月，_____，_____和_____。

2. 简述题

简述更换 FANUC 工业机器人电池的步骤。